阅

阅读成就思想……

Read to Achieve

Elite Minds

How Winners Think Differently to
Create a Competitive Edge and Maximize Success

底气

可持续的内在成长

[美] 斯坦 · 比彻姆 (Stan Beecham) 著
俞强 译

中国人民大学出版社
· 北京 ·

图书在版编目（CIP）数据

底气 ：可持续的内在成长 / （美）斯坦·比彻姆（Stan Beecham）著 ；俞强译. -- 北京 ：中国人民大学出版社，2020.8
ISBN 978-7-300-28318-0

Ⅰ. ①底… Ⅱ. ①斯… ②俞… Ⅲ. ①成功心理一通俗读物 Ⅳ. ①B848.4-49

中国版本图书馆CIP数据核字(2020)第115766号

底气：可持续的内在成长
［美］斯坦·比彻姆 著
俞强 译
Diqi: Kechixu de Neizai Chengzhang

出版发行	中国人民大学出版社		
社　　址	北京中关村大街 31 号	**邮政编码**	100080
电　　话	010-62511242（总编室）		010-62511770（质管部）
	010-82501766（邮购部）		010-62514148（门市部）
	010-62515195（发行公司）		010-62515275（盗版举报）
网　　址	http://www.crup.com.cn		
经　　销	新华书店		
印　　刷	天津中印联印务有限公司		
规　　格	148mm × 210mm　32 开本	**版　次**	2020 年 8 月第 1 版
印　　张	7.25　插页 1	**印　次**	2020 年 8 月第 1 次印刷
字　　数	120 000	**定　价**	59.00 元

本书赞誉

当斯坦·比彻姆还是佐治亚大学的一位年轻博士生时，我就聘请他担任足球队的团队运动心理学家。他对我们的帮助巨大，尤其是他通过球队教练对球员们的训练起到了很大的作用。这个决定的受益者之一就是我们的射手——全美冠军凯文·巴特勒（Kevin Butler）。他是目前唯一一位入选“大学足球名人堂”的射手。我很荣幸能读到斯坦写的《底气：可持续的内在成长》这本书，并将它强烈推荐给运动员、体育爱好者和普通大众。

温斯·杜利（Vince Dooley）

佐治亚大学足球队教练

在商业技能提升书籍的这片汪洋大海中，《底气：可持续的内在成长》这本书注定脱颖而出。斯坦·比彻姆博士关于“期望决定业绩”的信息是至关重要的。所有的领导者都想成功，然而只有极少数人期待成功。在沃尼奇（Vonage）公司，我们吸收了这个观点。而且，《底气：可持续的内在成长》这本书是我们公司的经理和领导者的必读书。我竭诚推荐《底气：可持续的内在成长》这本书给那些想要在自己的机构里创造成功信念模式的人。

阿兰·马萨瑞克（Alan Masarek）

沃尼奇公司 CEO

我对这本新书简直爱不释手！我一直以来都是运动心理学家斯坦·比彻姆博士的粉丝。实际上，数年前，我就聘请他担任我的精英跑步运动队的心理学家。现在，他终于出版了我期待已久的关于巅峰运动的书《底气：可持续的内在成长》，为此我很高兴。这真是一本伟大的书，我很高兴能把它介绍给麦克米兰团队。买一本，好好读，为你的梦想而准备。

格雷戈·麦克米兰（Greg McMillan）

麦克米兰跑步运动队创办人

我很喜欢《底气：可持续的内在成长》这本书，买了好几本送给家人和同事。斯坦·比彻姆为你能够在个人生活和竞争激烈的商业环境下取得成功提供了宝贵的信息和想法。

迈克·科特（Mike Cote）

SecureWorks 公司 CEO

我发现斯坦·比彻姆博士写的《底气：可持续的内在成长》给我和我的运动员们提供了巨大的精神资源。我们把它作为比赛中进行精神方面训练的指导手册来使用，而且已经取得了很大成效。无论是教练，还是试图提升技能的团队，我都极力推荐这本书。

曼尼·迪亚兹（Manny Diaz）

六次蝉联美国大学体育协会（NCAA）篮球锦标赛冠军

斯坦·比彻姆博士多年来一直与我们的领导者共事。他不仅挑战了我们成为一个高绩效团队的追求，而且还挑战了我们的自我认识，并揭示了是什么让我们无法实现我们的职业抱负和个人抱负。《底气：可持续的内在成长》用一个非常有效而直接的方式来解决这些难题，包括设定远大的目标和接受失败，而不是停留在舒适区。这是斯坦·比彻姆博士的典型风格。

吉姆·伯克（Jim Burke）

得州能源公司（TXU Energy）CEO

推荐序一

1996 年 8 月，我走进佐治亚大学校园，准备参加一项全美最负盛名的女子高尔夫球项目。我内心深处有个目标一直在激励着我前行，就是要在完成大学教育的同时，装备自己，使自己的体育竞技水平更上一层楼。作为一名大学生运动员，我想利用我所有的资源来帮助我实现自己的目标，就是参加女子职业高尔夫巡回赛（Ladies Professional Golf Tour，LPGA）。我一直信奉那句名言："冠军不是天生的，而是培养出来的。"我总是激励自己变得更加优秀。

在秋季赛季开始之际，八月的一个下午，我在佐治亚大学的主教练宾斯·凯利（Beans Kelly）召集了一次小组会议。在这次会议上，我们与体育部的运动心理学家一起开展活动。当斯坦·比彻姆博士走进教室，开始讲团队凝聚力和个人信念的那一刻，我永远无法忘记。那天我被他说的话深深地吸引着。斯坦·比彻姆博士在我的心中点燃了一把火，让我对高尔夫运动和自己感到无比好奇。他让我扪心自问："我们内心到底缺少了什么，会阻碍我们进步？"我想进一步探讨这个问题，但是又害怕从内心深处找到答案。斯坦·比彻姆博士能感觉到我在不断地取得进展，并且渴望了解更多的内容。从秋季学期的第一次相遇开始，我的生命轨迹就被永远改变了。我知道我擅长打高尔夫，但是他帮助我实现了成为一个伟大运动员的目标。

斯坦·比彻姆博士问了许多我难以回答的问题，迫使我面对自己内心深处最大的恐惧。直面那些恐惧后，我能够解放自己的思想去打高尔夫球，这是我从来没有想到过的。我们每周开一次会，始终围绕着创建一个关于自我的信念体系。这让我在高尔夫球场内外都发生了不少惊人的变化。

通过创建一个持之以恒的纪律来训练我的思维，让我相信自己属于顶级运动员之列。这让我不断地在比赛中发挥出最高的水平。我获得过四次全美冠军、东南大学联盟年度新生奖、两次东南大学联盟年度最佳选手，还有许多个人和团体奖项。斯坦·比彻姆博士让我深信，胜利是一种习惯。精神训练和专注比技术训练更为重要。

我一直认为，大学阶段是我生命历程中的一块“里程碑”。大学给我提供了在毕业之后面对现实世界的工具。斯坦博士帮助我转变了内在自我，让我站到了今天这个引以为豪的地方。

由于我被诊断出早期类风湿性关节炎，我的高尔夫职业比赛生涯戛然而止。幸运的是，我还能担任阿肯色大学女子高尔夫球队的主教练，继续留在高尔夫运动中。迄今为止，当我在不知疲倦地工作，试图找到一种精神韧性和竞争环境来使我的球队能够发挥出最高的竞技水平的时候，斯坦博士一直都是一个强大的思想资源。他不断地促使我超越自我界限，一直鼓励我跳出固有格局来思考问题。作为一个普通人，我们不愿意改变自己或打破固有的规范。但是，在我和比彻姆博士一起工作的时候，最爱做的事情就是不断进取，坚持不懈地去尝试那些不可能的事情。

斯坦博士终于夙愿以偿，写出了这本书，他曾认为这是不可能的事情。我对此钦佩不已。《底气：可持续的内在成长》这本书是一个窗口，我们可以由此领悟他的精神，了解他思考竞争的独特视角。到现在为止，我已经有幸不断地学习他的课程超过十五年了。它会给你带来巨大的挑战，让你去冒险，用不同的方式来看待事物。这是一个伟大的课程，能教会你感恩，让你了解设定人生旅途的意义。我希望他的话能给你们极大的启发，就像把我永远改变了一样。无论是作为一个人还是一个教练，他的理念都深刻地改变了我。

肖娜 · 埃斯蒂斯 – 泰勒（Shauna Estes-Taylor）
阿肯色大学女子高尔夫球队主教练
全美高尔夫教练协会（National Golf Coaches Association，NGCA）名人堂选手

推荐序二

每个人都需要一位教练。训练和领导力都很重要。而且，他们也确实很有用。出色的教练会教给我们最难和最有用的人生课程。回想一下，在你的人生旅途中，遇到过多少对你来说真正重要的教练。真正的好教练会对你感兴趣，并在你毫无察觉的情况下花时间了解你。他们知道是什么造就了你；他们会向前推你；他们会训斥你；他们会与你争论；他们会冲你提高嗓门；他们会帮助你获胜，这种胜利从来都不关乎他们自己。在你失败、犯错，抑或判断失误之后，他们会扶你一把，让你重新站起来。他们这样做不是为了钱，而且他们在帮助你的时候也不会去计算时间成本。我们都问过自己，他们为什么要这样做。我们也都想过能遇到这样的人是何等地幸运。也许他们在我们身上看到了自己的影子；也许他们能看到我们还未释放出来的潜能；也许他们看到我们只是需要一个机会或者一个突破。总而言之，他们为什么这样做并不重要。重要的是，良好的训练可以帮助我们成就最好的自己。

2009 年 1 月，在走上一个新的领导岗位后不久，我开始思考为什么有人在拥有相同的工具和资源的情况下却比其他人表现得更为出色。我开始研究和学习这个理念——是什么创造了卓越表现。杰出的教练是获得高水平表现的核心要素——没有别人的帮助，无人能成就自己。我的信念是：如果我能学习到获得高水平能力的理念，我就可以在更高水平上去执行和落实，并带领我周围的人表现得更为出色。于是，我阅读和学习了大量书籍，参加了许多关于执行力的课程和讲座，但是还是有些东西没有弄明白。接着，我发现了斯坦·比彻姆博士和他的《底气：可持续的内在成长》。我刚读完了前面几页，就立刻知道我找到了一些特别的东西。

这本书真的引起了我的注意。我决定联系斯坦，因为我被书中的一些主题深深吸引了。我想更详细地与他讨论，看他们会如何影响我和我领导的员工。每一天，我都能看到书中的理念是如何渗透我的个人生活和职业生活。斯坦接了我的电话，从此我们就一直在一起工作。在生活的许多方面，他帮助我提升了很多。我也把他介绍给和我一起工作的团队和个人，我亲眼见证了他是如何提高了他们的工作表现，从而使他们的生活更加充实的。

当我反思斯坦和我在一起的工作时，我立刻想到了三件事。首先，他对我原有的想法提出了挑战，不是要做得更好，而是要做最好的自己。其次，斯坦的书帮助我理解了为什么人们会有不同的表现。最后，也是最重要的一点，就是我了解到，那些发挥出最高水平的人，不是因为听从了别人的建议，相反，是因为他们有勇气采纳自己内心的建议。

简而言之，斯坦是一位杰出的教练。当你读这本书时，你会通过他的文字来体验到这一点，但是能与斯坦在一起共度时光会使训练的效果变得更为强大。我感恩的是，在我的人生历程中，我曾拥有过数位杰出的教练。在我作为一个商业领袖的职业生涯中，在我作为丈夫和父亲的个人生活中，斯坦都恰到好处地走进了我的生命。在读了斯坦的书，并与他一起工作之后，我的团队成员们都来找我，说我提供的教练帮助他们达到更高的水平，这是我领导能力的一个显著特征。《底气：可持续的内在成长》帮助我成就了最好的自我，这本书也将帮助你成就最好的自己。

格里高利 · M. 麦高利（Gregory M. McGauley）

马萨诸塞州波士顿金融服务主管

目录

第一部分

精神至上：了解你的精神状态

Understanding
Your Mind

1

你的精神状态决定你能取得多大成功

如果你有意地避重就轻，去做比你尽力所能做到的更小的事情，那么你有可能终生都不会感到幸福。

亚伯拉罕·马斯洛（Abraham Maslow）

无论是在商业领域还是在竞技体育领域，一场旷日持久的争论仍在继续。那就是一个人的表现有多少取决于体能？又有多少取决于精神敏锐度？约吉·贝拉（Yogi Berra）对这个问题的解释也许是目前最好的。他说："棒球运动中 90% 是靠精神，剩下的另一部分才是体能。"就我的立场而言，我相信一个人表现出来的水平和取得成功的程度 100% 是靠精神来决定的。

为什么这样说呢？

因为是精神控制着身体。

这并非我个人的观点。那些进行了几十年脑 - 心智复合研究的科学家们证实了这一观点。你的大脑相当于软件，你的身体就是一台硬件。简单来说，就是你的身体在执行大脑告诉它要做的事情，或者说是你的大脑认为你的身体有能力做到的事情。

由于我们对物理条件的偏见，所以对行为表现的关键性因素一直存在误解。现今，在预测未来成功的时候，教练和商界领袖们都倾心于天赋或经验这副灵丹妙药。我们相信，如果你能找到一个成熟的、经验丰富的天才，那么你就应该把这样的人拉进你的团队。

体育运动更受天赋的影响，而商业上的经验更为重要。于是，他们期望这两种属性能成为成功的决定性因素。不幸的是，这并非最好的解决方法。事实上，仅靠天赋和经验绝对不能产生持续的高水平表现——在每个领域的精英阶层尤其如此。

这个方法的问题在于，几乎进入精英阶层的每个人都有天赋，并且都拥有多年的丰富经验。那么，当天赋和经验的优势不凸显的时候，谁能表现得最好呢？

答案很简单：就是那些会运用精神的力量，不受精神阻碍的人。

最高层次上的竞争绝大多数是精神上的，而不是身体上的。

我每天都在见证这一点。

精神状态决定你的行为

在大学里，成千上万拥有天赋的孩子没有成功，还有许多非常聪明、有学识的管理者无法超越总监或副总裁的级别。这些都是经常与我一起工作的人。在企业场景中，对话通常是这样开始的：

斯坦博士，我们招聘了一个非常聪明和有才华的经理，她也一直在努力奋斗，让她的团队达到我们想要的水平。她受过良好的教育，也在我们行业里最好的公司工作过，但她的影响力并没有达到我们预期的效果。

在体育运动场景中，教练员通常谈到的是运动员们没有完全发挥出他们的全部潜力：

这个孩子很有天赋。在平时训练中，他表现很突出，而且毫不费力就能获胜。但是当我让他走进赛场的时候，他就像变了一个人。

在学校里也会有类似的现象。我们观察到，一些聪明的孩子在考试时，无法正确处理考试的信息。对此，我们只好摇头叹息，称之为“考试焦虑症”。

在我进一步解释导致这种失败的原因之前，先让我们明确一些术语的含义。这样，在讨论我们的思维和行为表现之间的关系时，你就不会产生困惑。

首先，你需要了解你的操作系统——大脑。大脑运作的方式被称为思维。你可以观察一个大脑，但是你看不到思维。

理解什么叫思维

思维分为两大类：有意识思维和无意识思维。有意识思维是你能感受到的大脑活动的一部分，如你思考、计划、解决问题和体验情感的这些活动。无意识思维是行为表现有力的决定因素。它包含你所信仰的东西，也就是说，你认为是真理的那些东西。不幸的是，大多数人都没有意识到他们的无意识思维，也没有意识到被他们奉为真理的信念。通常，我们能清醒地认识到我们的思想和感觉（有意识的），然而，大多数人都对我们自己真正信仰的东西和周围的世界知之甚少（无意识的）。这正是我们行为表现上出现缺陷和问题的地方。相信你自己和你的世界是什么样子的，这才是决定你能做什么和最终能做得有多好的关键因素。

这并非一个新的理念。虽然西格蒙德·弗洛伊德的性心理学理论现在已不太主流，但他的无意识心理学依然是心理学研究的前沿领域。要了解其中的来龙去脉，你应该知道，一开始弗洛伊德并不是一位心理学家，实际上，弗洛伊德是一个研究诸如脑瘫等神经肌肉障碍疾病的神经学家。

病人会因为外在的身体缺陷和功能受限去找弗洛伊德看病。令弗洛伊德吃惊的是，他经常无法给病人的症状找到任何生理上的原因，比如瘫痪、失明或者疼痛。

对我们来说，幸运的是，弗洛伊德是一个聪明又充满好奇心的人。他不愿意简单地答复病人“对不起，你的手臂瘫痪了，但我帮不了你”而了事。相反，弗洛伊德开始和病人谈论他们生活中发生的其他事情。这就是他挖到宝藏的地方。

弗洛伊德很快意识到许多疾病的原因不是生理上的，而是精神上的。通常，病人的思维就是问题之所在。无意识的思维导致身体无法正常地运作。回到弗洛伊德时代，这个开创性的发现一开始被整个医学界所轻视。如今，身心联系已被广泛接受，因为像紧张和焦虑等疾病仍然是导致人们健康问题的主要原因。此外，这也是导致表现水平突然下降的主要原因——无论是在球场上还是在董事会里。不幸的是，医疗和体育运动界并没有完全重视思维的力量。如果我说我认为医疗和体育运动界在身心联系这个最重要的问题上不是口惠而实不至的话，那我就是在撒谎。

事实上，我们仍然喜欢从生理学的角度上开始，提高行为表现的水平和持久力，如果这不起作用的话，我们再去看看有没有其他的选择。虽然像手术、理疗、体能训练和饮食这样的方法一定会有它们的价值，而且总是会有效果的，但是在学会如何利用我们的思维引擎之前，我们将始终无法达到我们的目标。

精神压力的作用

几年前，我参加了一个运动心理学的会议。在那里，我留意到一位杰出的矫形外科医生理查德·斯蒂德曼（Richard Steadman）博士也将在那天发表演讲。斯蒂德曼曾为许多杰出的运动员做过手术。你还记得吗，科比·布莱恩特的膝盖手术就是斯蒂德曼医生做的。起初，我很好奇为什么一位外科医生会在运动心理学会议上发言。但是，当我看到会议的所有议题后，发现他的发言主题似乎是最有趣的。

那天，斯蒂德曼医生在会议上说的话一直萦绕在我的脑海里。斯蒂德曼医生阐明了现代医学是如何全面彻底研究和记录精神压力与其他精神疾病在身体疾病发病原理中产生的作用。他在会上的发言，不仅证实了这个现代医学的发现，而且还往前推进了一大步。他在那里分享了自己的观点：一个人的精神状态与意外伤害之间有密切联系。

斯蒂德曼解释说，每当他与病人第一次见面时，他总会问他一个简单的问题："发生了什么事？"多年下来，他开始注意到，人们不太愿意从生理上跟他说明发生意外的原因，更多的是从心理上给他一个受伤的解释。

他经常听到的不是这样的解释："我正在滑雪，撞到一个冰块上，那时我就听到砰的一声，接着我就摔倒了，我的腿向后折了。"相反，他的病人的解释往往是这样的："我和我妻子吵架，是因为我想马上出发到山坡上去，她却想让我再等三十分钟，等她准备了好再一起去。我告诉她我会快速上山，然后一个小时后在狮子山与她碰面。于是，我匆忙上山，为了能准时与她碰面，我又飞快滑下山，这个时候，就听到砰的一声，我尴尬地摔倒了。"

请记住，斯蒂德曼医生并不是一位失去同行尊敬而来与运动心理学家闲扯的外行人。在他的领域里，他可算得上顶尖的医生之一。如果你需要做膝盖手术，他必定是可你供选择的少数几个好的医生之一。如果你还没有跟他预约时间，那赶紧去预约吧。

那天他告诉我们的信息，说明意外事故不仅仅是发生了而已。对于所有人类行为，乃至意外事故的发生都有心理引导的因素。换句话说，每一个生理事件之前都会有一个心理事件发生。这是真的吗？我相信是这样的。接下来，我将在书中确切地向大家解释其中的原因。现在，让我继续用自己的经验中那些更耐人寻味的例子来展开这个话题。

>> 受伤的真正原因

与佐治亚大学的前篮球教练图比·史密斯（Tubby Smith）之间的那次谈话是我一生中最有趣的一次谈话。当时，我们都在更衣室换衣服。我注意到他的运动员的受伤率并没有像其他球队的那样高。我问图比，为什么他能真的做到这一点。

他的回答既简单又准确，“我告诉我的队员，我们不会受伤。我们会做必要的事情来预防受伤，我们会在训练前热身，通过锻炼来保持我们强壮的体格，所以我们不会受伤。”

图比比其他教练更为清楚地理解受伤率与信念体系之间密切的关系。图比相信他的队员不会受伤，队员们相信他说的话。我们来与大多数教练的信念体系比较一下。无数次你会听到教练说：

“不幸的是，受伤就是比赛的一部分。每个赛季你都知道一些运动员会受伤。这是不可避免的。你只能希望伤病不会在关键时刻困扰你的关键队员。”

一些球队经常出现队员受伤的问题，使他们无法充分发挥自己的潜能。但如果你认为导致这个问题的大部分原因是心理上的，大多数教练都会嘲笑你。不幸的是，这些教练会就此错过他们获得成功的关键性因素。

同样的情况也会出现在商业领域中。只要你告诉我一家公司每个员工的病假次数，我就可以准确地预测出该公司文化中的心理健康状况。这里面对“意外事故敏感”的人要比我们看到的多得多。

精神压力带来的高昂代价

疾病和受伤也是影响企业财务成功的巨大因素。一些估算的数据表明，大约 50% 的公司利润流向了医疗保健领域。美国公司每年因精神压力相关疾病而导致的损失高达 200 亿到 300 亿美元。

因计划外缺勤，每名雇主每年要为此花费 3600 美元，每名员工每年为此花费 2650 美元。美国医学会（American Medical Association）声称所有疾病中有 80%~85% 是由精神压力导致的。

最近，我读了布鲁斯·利普顿（Bruce Lipton）博士写的《信仰生物学》（*The Biology of Belief*）一书。如果你有兴趣深入研究身心联系的话，你会发现这本书非常有趣。在书中一个章节的开头部分，利普顿讲了一个关于曼森医生的故事。曼森医生成功地治疗了一个15岁的男孩，他认为这个男孩仅仅是患上了臆症。曼森医生曾经成功地治疗了一位患有臆症的疣患者，他有充分的理由相信这种疗法对病人是有效的。然而，实际上，这个男孩的身体上并没有长疣。曼森医生只是假设他身上长出了疣。事实上，这个男孩患有一种更严重的会致命的皮肤病，这种病被称为先天性鱼鳞病，是一种能使皮肤革质化的疾病。

曼森医生仅靠人类的精神力量就成功地治疗了这个男孩的皮肤病，这令医疗界大为震惊。更多的皮肤病患者慕名而来，但是曼森医生对他们的治疗并不都能尽如人意。

经过几次失败的尝试之后，曼森医生找到了他为什么不能治愈后来的病人的原因。他承认，在治疗成功的案例中，虽然不知道正确的诊断结果，但是他真正相信能治好病人，病人也相信他的治疗方案。然而，此后治疗失败的原因很简单，就是他承认他不相信催眠能成功治疗这种疾病。怀疑使得医生的治疗方案无效。

这种现象有助于解释信仰治疗方法和其他文献中记载的那些原始却有效的治疗方法。

关键点

你的精神既能让你生病，也能治愈你的病。

图比·史密斯相信可以用同样的方法来预防受伤，他的运动员也是这样信任他的。这就是为什么它会起作用。无意识思维，或者那些你真正相信是真理的东西，决定了你的身体在做什么和能做什么。有意识思维只能控制你坐着、观察、思考和担忧等行为表现。

如果你仍然对这些所谓的心理呓语持有怀疑态度，那么请参考下面这个案例：丹尼尔·阿明（Daniel Amen）医生是一位著名的儿童和成人精神病学家。他在大脑成像技术的帮助下做了大量的工作来评估精神病患者和神经症患者。他说，对你的健康和你最终的生活而言，最为重要的就是那些你认为是真理的东西，除此之外，没有什么比这更重要了。但是问题依然存在：精神是如何超越我们出生时遗传而来的身体和基因结构的呢？答案就在物理学中。

物理学的作用

现代物理学已经证明物质和能量是相同的。我们可以把精神当作能量，把身体当作物质。量子物理学告诉我们物质是由能量构成的。一块钢铁本质上就是被紧紧地结合在一起的能量。

精神（大脑的能量）直接影响物质形态的大脑，进而又控制着身体的各个功能。通过现代科学的研究，我们现在已经知道，精神能量可以在细胞层面激活或抑制人体的物理性功能。

凡是在对心理学有基本了解的人都记得巴甫洛夫的狗和他的条件反射理论。简单来讲，就是巴甫洛夫在实验室里研究狗的消化功能。和弗洛伊德一样，他一开始也不是一名心理学家。每天，这些狗都要被喂食，而且每当饲养员从门口进去喂它们时，它们都能听到铃声。这些狗学会了把铃声和食物联系起来。它们一听到铃声，就开始流口水，等待进食。

研究结果表明，学习和行为改变可以在无意识或不自觉的层面发生。无意识学习会导致无意识的行为改变，进而导致无意识习惯的形成。我们今天表现出来的大多数习惯性行为都不是通过深思熟虑和有意识的过程获得的。甚至一些简单的神经性习惯，比如在说话时咬指甲或摸脸，都是源于我们的无意识信念，而这种无意识信念一直以来都是从无意识的训练中学到的。

值得庆幸的是，总是可能通过运用有意识思维来开发新的习惯或改变旧的、无意识的习惯。这一点正是本书的主要理念所在。

事实上，如果我要总结精英型竞争者和普通竞争者之间的主要区别，那就是精英型竞争者通过掌握他们有意识的思想和行为来理解和管理他们的无意识思维。简单地说，就是通过训练自己，使得信念、思想和行为达到最佳的一致性，从而战胜别人。

大多数研究无意识思维和行为之间关系的科学家，认为无意识思维在 90%~95% 的时间内控制着人的身体。我无法确定他们是如何得出这样的结论的，坦白地说，我认为无论无意识思维控制身体的时间是 50% 还是 95% 都无关紧要。重要的是要认识到，如果你从事的是改变行为和提高绩效的工作，那么你必须明白，你的思维在我们所说的“成功”“绩效”或“优秀”中发挥着重要的作用。如果你能学会管理好你的无意识思维，你就可以学会在任何身体活动中掌控你的表现水平。

关键点

大多数人不会选择他们的思维习惯。成功的人能把有意识的思维带到一个基本属于无意识的过程中。

意识的力量

尽管我已经证明了无意识思维是多么地强大，以及它是如何支配我们的行为的，我还是想提醒你不要忽略那位退居下风者——有意识思维。它也很强大，有移山之力。

自由意志、决心和动机都是有意识思维的产物。值得庆幸的是，有意识思维有能力超越无意识。这里的关键词是“能力”。遗憾的是，我们中的大多数人没有利用这种能力，而是在任其自由发挥。

我们学习和接受作为真理的大多数事情都是在无意识的层面上发生的。即使信息是虚假的或不准确的，它也能在无意识层面上被接受，变成我们认可的真理。

让我们来看一个例子。如果你反复告诉一个小孩他很聪明，他会相信你的。他怎么能知道聪明是什么呢？他可能不知道，但不管怎么样他相信了。同样，如果一个父亲不断地对他的儿子说他是懒惰的，他的儿子自己也会接受这种信念。这就是社会心理学家所说的“镜像自我”。儿童接受父母和其他重要人物的信念，因为他们不是天生就有信念体系。他们大多接受了特定的信念体系，甚至连自己都没有觉察到这一点。

我遇到的每一个成年人对自己的身份和能力都有很强的信念。虽然极少比例的人会夸大自己的技能和能力，但绝大多数人都低估了自己的能力和影响力。你相信你能把特定的事情做好，但在别的事情上不行。你相信你有特定的技能和天赋，但是在其他领域却没有。要看清自己，我们就必须更加严格地审视自己的信念。我们必须寻找证据来证明它是对的。而且，在没有证据可证明的时候，我们必须有勇气承认自己错了。

你也有自己的信念体系，但你知道自己采用了谁的信念吗？为了更清楚地观察它，我建议你把自己的信念体系写下来，这样你就可以好好地观察它。为了做到这一点，你要把你认为是真实的事情简单地罗列出来。这将花费好几页纸和好几天时间来完成。

最终，最具洞察力和自我意识强烈的人在完成这一练习后得出的结论是，他们的大多数信念体系没有客观的数据来支持。换句话说，我们大多数的信念体系都是基于一组主观的信念，而忽略了我们所经历过的许多事实。一旦你意识到你所坚持的东西中有多少是微不足道的，你就会让自己放手，放弃这些念头，你就能更清楚地洞察这个世界，而不是执着于你的主观信念。

现实世界中的信念

人们坚信自己持有的信念是正确的，仅仅是因为他们相信这些信念是真的。不幸的是，这也不是真的，我们持有的错误信念在很大程度上限制和影响了我们的生活。

我们应该如何让自己成长起来呢？不要固守自己的信念，而是要勇于挑战自己的信念。事实证明，当世界上大多数机构都在努力支持和巩固以前持有的一套信念时，要做出这样的改变是很困难的。

你可以这样想：宗教团体不断地试图让我们接受它们对上帝的看法，并遵循上帝的旨意。各国政府正在制定法律和规则，并且坚持要求我们接受它们，即使它们是不公正的，甚至最终会伤害被治理的人民。教育机构相信它们可以通过科学获得真理，但我们必须给出教授想听到的答案，否则我们就无法在学业上取得进步。

尽管所有这一切似乎都令人气馁，但我们很幸运地生活在一个前所未有地挑战固有观点和信念的时代，即便结果是痛苦的，那也是一大进步。

行动信念

我们每个人都对自己做得好和不好的事情抱有信念。事实上，你不能把信念和能力分开，因为它们是紧密联系的。你没有做好某事的主要原因是你认为这件事很困难，不可能完成，或者是令人不愉快的。

和我一起工作的运动员可以清楚地告诉我他们在比赛中的优势和劣势，但我想让他们了解的是他们持有的信念和实际表现之间的关系。一旦信念从“我不能把这件事做得很好”转变为“如果我改变了，我就能做到”，那么实际的行为和结果就会发生变化。你对自己以及自身能力的看法不是真实的。换句话说，这真的不是你有没有能力的问题，而是你对自己能力的信念决定了你成功的可能性。

当我和长跑运动员一起工作时，我很喜欢问他们这个问题：“如果你现在开始以很慢的速度跑步，那么你认为你在筋疲力尽之前能跑多远呢？”事实上，他们从来没有尝试过这样做，所以他们并不真的知道答案。当我告诉他们，这样跑可以从早到晚跑一整天的时候，通常会引发一场争论。我说：“我不太确定，但我敢打赌我会给自己一个惊喜。”从运动员的最佳利益出发，这是真的。当你放弃了一些固有的和有限的信念时，我向你保证你会带给自己一个惊喜。

准备好你的潜意识

你的思维速度非常快，它会以你无法想象的速度处理信息。一旦你看到一个物体，你的大脑仅需要大约半秒钟的时间来产生情绪反应。无意识思维的工作就是这样快。而视觉只代表了你的大脑接收信息的五分之一。当你考虑到还有来自听觉、味觉、触觉和嗅觉的信息源源不断地进入大脑时，很容易看出习惯（包括习惯性的信念）是如何在没有意识的情况下形成的。

如果无意识思维同时对这么多的信息进行如此快的处理，那么就没有时间用有意识思维来思考一些事情了。因此，为了改善我们的行为和最终的表现，我们必须让无意识思维时刻准备就绪，在比赛开始之前就为获胜打好基础。这就是心理训练、想象、自我交流和其他技巧发挥作用的地方，这个时候它们会成为非常有价值的工具。

我们每个人都会以某种形式自欺欺人，因为我们都相信一些不真实的事情，而且不知道自己的信念是错误的。一旦我们内化吸收了一种信念，它就会成为你大脑操作系统的一部分，就像病毒感染计算机一样。就算你不想要它，也可能不知道病毒（一个错误的信念）什么时候进入系统，但是现在它已经存在了，且很难摆脱。

关键点

我们只做我们力所能及的事情。我们不去尝试我们认为自己无能为力的事情。

无论你是一名员工还是一位运动员，你目前的行为表现都是你的信念体系的总体表达，它是无意识流露出来的（也就是说，不管你是否清楚这些信念的基础，它都是由你非主动思考的信念组成的）。优秀的老板和教练通过有意识的过程来影响下属的信念体系。如果你想成为最好的老板或教练，就应该这样做。

我女儿凯特 17 岁了，是一名优秀的长跑运动员。她知道我经常和职业选手一起工作，但这让我在她心目中并没有加多少分。俗话说得好："先知在自己的家乡从来都不被认可。"当然，在自己的家里也是如此。

她在大二参加越野赛跑的时候，我给她买了一双运动弹力袜。一个星期六的早晨，我们开车去参赛点，我建议她在那天的比赛中穿上那双袜子。

“你认为这会有帮助吗？”她问。

“当然，”我说，“我敢打赌，如果你穿上那双袜子的话，你至少能比你目前的正常水平快一分钟。你的腿会感觉更轻，更有力。”

令人惊讶的是，她接受了我的建议，穿上了那双袜子。不出所料，她跑出了运动生涯中最好的成绩，突破了 19 分钟的极限，在 5000 米的越野项目中，这还是有史以来第一次。她的队友们对她的表现感到惊讶，很快他们都想知道从哪里可以买到这样一双袜子。

在接下来的一场比赛中，不仅所有的女孩都穿上了运动弹力袜，而且她们还买了同样的品牌和颜色。这正是心理学家所称的安慰剂效应（placebo effect）的有力证明。安慰剂在医学、化学或物理等方面没有真正的作用。然而，安慰剂却是绝对有效的，因为它们对使用安慰剂的人的思想有影响。

关键点

不管是什么，只要你相信，它就是真的。

安慰剂效应

现代医学已经不再需要安慰剂了，这主要是因为卖糖丸赚不到多少钱了。但是安慰剂效应不仅仅停留在药物观察上，在手术中也能观察到这种现象。

2002年的《新英格兰医学期刊》（*New England Journal of Medicine*）上刊登了一篇文章，记载了一项在手术中测试安慰剂效应的实验。文章的主要作者指出，“所有优秀的外科医生都知道手术中没有安慰剂效应”，但是他有勇气去验证这一假设。

参与测试的人被分为三组。第一组被试做了膝关节软骨损伤刮除手术。第二组被试用药剂溶液冲洗了膝关节，并被摘除了那些被认为导致了关节炎的组织。这两种手术都是当时治疗膝关节关节炎的标准治疗方法。第三组是安慰剂组，医生给他们打了镇静剂后，在膝盖上做了三个切口，但实际上没有进行手术。

你觉得这项实验的结果是什么？三组被试间并无显著性差异。这种结果并不令人吃惊。令我惊讶的是，这样的发现几乎被医学界忽视了，包括医生、医院、保险公司和制药公司都对此视而不见。一般来说，他们不希望安慰剂的作用是真的，因为这对商业来说是非常可怕的！

这当然引起了我的注意，因为我的两个膝盖都已经做了手术。

想一想，现在市场上有多少产品对消费者来说毫无益处。再想一想，现在市场上有多少产品不仅对消费者没有帮助，而且还被证明对消费者有害。

关键点

你可以用语言的力量来改变别人的大脑化学反应、情感和信念。

反安慰剂效应

在谈论安慰剂效应时，你不能不提到反安慰剂效应（nocebo effect），即消极信念的力量。1961年，沃尔特·肯尼迪（Walter Kennedy）提出了“nocebo”一词，在拉丁语中的意思是“我将会受到伤害”。拉丁语中“placebo”的意思是“我将会感到愉悦”。消极的反安慰剂的力量和积极的安慰剂的力量一样可怕。不幸的是，现在似乎反安慰剂效应比安慰剂效应更多。

在实验室条件下，安慰剂效应和反安慰剂效应可能是相同的。唯一的区别是医生和病人相信在治疗阶段开始之前，药物会产生什么效果。在安慰剂作用下，当医生和病人都相信安慰剂会起作用的时候，最强大的药效就会显现出来。同样的道理也适用于反安慰剂。当双方都认为某件事会造成伤害时，通常也会出现这样的效果。下次你准备买一个巫毒娃娃并在里面扎针的时候，一定要确保你施咒的人知道你在诅咒他，并相信这种咒语会对自己产生不良影响。

我们的无意识和有意识的信念系统不仅影响着我们的健康、行为、习惯和表现，而且还决定着我们的生活质量。在体育和商业领域中，信心的概念都受到了极大的关注。信心只是描述我们信念体系的另一种方式而已。

每当我听到别人说“我有信心”，我就问他们，信心是一种感觉，还是一种思想？大多数人认为这是一种情感。在无意识层面上的信心可能看起来像是一种情绪，因为个人的感觉是被信念控制的。然而，一旦你体会到信心，你很快就会意识到信心是一种思想，而不是一种情感。

为了帮助别人提高信心，你必须在意识层面上，把它作为一个思想来处理。只要信心不足的人把信念或思想看作一种感觉，他们就永远无法改变自己的状况。但是，一旦缺乏信心的人认识到他们对自我和自己的能力有消极或错误的信念时，你就可以开始帮助他们创造一个新的信念体系，提升他们的信心。

认知、情感和行为之间的关系

另一种看待这个观点的方法是观察认知、情感和行为之间的关系。大多数人去寻求心理学家或精神病学家的专业帮助，是因为他们想拥有不同的感觉。这些人中的绝大多数都患有抑郁症或焦虑症，如果你觉得自己患有其中一种的话，那么通常两者兼有之。

我在攻读硕士和博士学位的时候，在医院门诊和住院部做了几年的心理治疗师。一些青少年通常因为他们的行为而接受治疗。虽然他们并没有对自己的行为感到不舒服，但他们的父母对他们的行为不满意。另外，成年人来治疗的主要是因为他们在情绪上的问题。他们也经常会有行为上的问题，但通常是情绪上的困扰让他们来接受治疗。在我这些年治疗过的人当中，我不记得曾有人要求我帮助他们改变思维方式或改变他们的信念体系。他们想要不同的情绪和行为，但却不想放弃错误的信念体系，这就是他们的苦恼的根源。

好的治疗和大多数宗教有一个共同点：寻找真理。一旦对真理的追求被一种感觉良好的欲望所取代，“追求的旅程”也就结束了。寻求真理是一个认知过程，需要有意识和无意识思维共同作用才能成功。

正如利普顿博士明确指出的那样，“信念控制着生物体”。我会对此做一个小小的修正：信念控制着生物体，生物体控制着行为，行为决定了成功。

关键点

在精神与肉体的战斗中，精神总是获胜。

请注意：如果你遭受了错误身份认同的折磨，该怎么办？你认为你是谁，其实那并不是你。你认为你在这里要做的，其实并不是你想要做的。你认为你能做的，其实只是你真正能力的一小部分。

考虑一下，要是你对自己的看法完全错误，甚至对你所生活的这个无限大的宇宙的看法也是错的呢？如果那是对的又将会怎样呢？我们大多数人一辈子都不知道自己到底是谁，为什么会来到这里，以及我们在这个星球上应该做些什么？如果我们都患有健忘症，在离开母亲的身体进入这个世界之前，我们忘记了自己到底是谁怎么办？我认为这正是我们现在的状态。

我们认为我们是谁，但其实这并不是我们真实的自我。我们比我们所能感知到的自我要多得多。

佛教中有句禅语："不要把指着月亮的手指当成月亮本身。"我们认为的自我——我们的角色，就是真正的自己。但这只是和你的衣服、发型和个性一样，从一定程度表现出的、你的本来面目的一部分。为了发挥出你的全部潜能——自我成就，你必须首先承认你对自己的看法是错误的。

2

行为表现的三支柱：信念、思想与行为

世界上有三种人：第一种是通过阅读来学习的人；第二种是通过观察来学习的人；第三种人则一定要身体力行，哪怕会因此遍体鳞伤。

威尔·罗杰斯（Will Rogers）

信念是无意识的——这就是我们所能抓住的真实自我所居之处，这也是我们情绪的源泉。尽管我们不自觉地选择我们对事件的情绪反应，但我们的情绪反应最终是由我们的信念体系决定的。

如果你的情绪是被控制的，你永远不会完全了解自己，也永远不会在同一种行为表现的环境中发挥出你的潜能。也就是说，改善你的情绪状态的最好方法是首先检查和纠正你的信念系统。

信念、思想和行为

有三个关键要素可以提高你的行为表现，那就是信念、思想和行为。

>> 信念

信念对人的行为表现来说是绝对关键的，并最终决定了你的表现如何。问题是：我们的信念从何而来？我们是如何开始相信我们所持有的真理的？

起初，我们都是从别人那里接受我们的信念。例如，在你童年的时候，你可能接受了你的父母和生活中其他重要人物的信念。想一想：你的行为表现最重要的控制者并不是你自己；相反，是别人让你的生活走上了目前的轨道。

如果那个给你信念的人做得很好，告诉你真实的自我是什么，那你是一个非常幸运的人。如果他们错了呢？如果他们没有看到你的潜力、能力和才华呢？问题就是从这里开始的。

我们都接受了一些准确的或不准确的信念。问题是我们大多数人都不知道哪一个是准确的，哪一个是不准确的。

信念：我不是一个好运动员。我的教练不关心我。

思想：我不想加入这支球队，我今天也不想训练。

行为：表现不佳。

信念：我是个好运动员。我的教练是个好教练。

思想：不管教练让我做什么事，我都会去做。我相信她。

行为：表现极佳。

>> 思想

思想是有意识的。通常，我们的想法是我们信念的副产品，但有可能会有一个与你的信念不一致的思想。你可以“认为”一些你不相信的事情是真的。

例如，大多数人认为自己的某些方面是“不好的”——他们需要改善自己的行为表现。然而，当别人对这个问题发表评论或指出需要改进的时候，他们的无意识反应通常是受到伤害或被激怒，尽管他们基本同意别人的意见。

思想比信念更容易改变，所以你应该把你的大部分精力放在改变你的思想上。最终，你可以通过有意识的思想来改变无意识的信念。

>> 行为

行为就是我们所做的事情。改变长期行为是非常困难的，而改变短期行为则不那么困难。长期的行为被称为习惯，而短期的行为被称为行动。经常性的、有规律的行动最终会导致习惯的改变。

改变你的信念、思想或行为中的任何一个因素，都会影响到另外两个。当这三者一致时，你就会发挥出最大的效能。但是，大多数人并不能让这三者保持一致，所以他们会经历一些内心的斗争或挫折，结果他们的行为表现受到了阻碍。

你在改变吗

你如何知道你是否在有效地改变你的信念、想法或行为？这里有一个简单的试金石。当你对自己的状态感到非常不舒服时，你就会知道你正在成功地改变其中的一个。在这个过程中，你甚至可能经历身体和精神上的痛苦。事实上，痛苦越大，通常改变和改善也越大，两者是正相关的。

关键点

不幸的是，“不经历风雨，怎么见彩虹”是一句至理名言。

当我们在自己的信念体系中发现错误或故障时，我们通常会打上一个“信念的补丁”来掩盖眼前的问题，我们通常不会回过头去做那些让整个信念受到质疑的艰苦工作。对我们大多数人来说，这太可怕了，也太令人不安了。

但是，如果你正为成功而奋斗，那正是你必须要做的工作。你得把所有的东西都扔出去，从头再来。

因为我们更容易改变自己的思想，所以我们经常会去改变自己的思想，而不是去改变我们的行为和习惯。我们大多数人对自我认识的信念是错误的，从而限制了我们的行为表现，同时也阻止了我们做出必要的行为改变。下面我举一个例子。

在运动员职业生涯中的某个时刻，大多数人都认为自己是有天赋的，而且在他们从事的体育运动项目中，在特定水平上是最好的。他们认为天赋是他们成功的主要原因，而训练习惯对他们的比赛表现的影响是次要的。

绝大多数真正优秀的高中运动员都能拿到大学奖学金。他们是球队中最优秀的孩子之一，从小联盟到高中联赛都是最优秀的。当然，他们训练和练习都很努力，但和竞争对手相比，并没有更刻苦。最终，他们形成了这样一种信念：只要付出同样的努力，他们就能战胜对手。

然而上了大学后，他们发现每个人都很有天赋。他们很快就从队里最好的运动员变成了连比赛都打不了的替补队员。他们经常穿红 T 恤，并且可以在大学毕业之前再获得一年的发展时间。这给大多数运动员带来了一个真正的问题，如果他们能成为职业选手的话，同样的事情可能会再次发生。

当大多数运动员提升到更高水平的时候，他们的自我认知通常会受到影响。如果外界对你的天赋要求提高，那你很难相信自己真的很优秀。

大学运动员必须改变信念，要开始相信他们会成功并不是因为他们的体能，而是因为他们的职业道德、纪律、对比赛的了解以及对进步的渴望。但是，如果他们以前从来不认为这些事情是重要的，那么他们的观点就很难改变。

这是我所说的形成“天赋诅咒”的条件。最好的运动员一进入大学就会改变他们的信念，而那些从不改变自己的信念体系的人在大学体育竞赛中永远也不会成功。

改变你的信念体系意味着你必须承认以前你所相信的东西是错误的或者不再是真的了。如果信念改变了，那么行为就会发生变化。信念不变，行为也不会发生改变。

大多数时候，当我们改变主意时，我们会用一种错误的信念来代替另一种信念。这种信念的改变不会带来进步。但是，当我们用一个真理来代替一个错误的信念时，这可能会提高行为表现。

当信念和思想不一致时，我们称之为认知上的不协调。由于缺乏一致性，导致了内心紧张和表现不佳。当信念和行为不一致时，我们将再次经历内心的紧张。当思想和行为不一致时，其结果仍是内心紧张和表现不佳。

理想的场景，也就是创造最高表现水平的场景，就是信念、思想和行为一致的时候。例如，当一个运动员认为她很有天赋，并且有很大的潜力时，这就是她相信的真理。她认为：“我会努力开发我的潜力，因为只有天赋并不能让我成为一个优秀的竞争者。”结果，她改变了自己的行为，每天都去努力训练。

学习基本上就是对真理的不懈追求，这种追求将使你在一生中保持好奇心和积极参与的主动性。

大多数伟大的成功者都是终生学习者，他们从不放弃好奇心。正如爱因斯坦自己所描述的那样：“我没有特殊的天赋。我所有的只是满怀热情的好奇心。”

大多数行为表现的环境问题就是假设每个人都想学习、改进和发挥自己的潜力。不幸的是，情况并非如此。大多数人想要的是你告诉他们一切都好——他们一切正常。

这就是为什么当有人告诉大多数人他们表现不佳或者需要提高时，你会发现他们非常抵触或感到受伤，因为这些评论扰乱了他们的快乐或内心的平静，也扰乱了他们“一切都好”的信念。

但是不学习又会怎么样呢？

对我们许多人来说，不学习很有可能比学习更有益。据我观察，许多人成功的障碍不一定是缺乏知识，而是他们所知道的东西，或者说是他们错误的信念。

想想看：我们经常遇到的最令人沮丧的经历之一就是处理一个“无所不知”的问题。

我在职业生涯的早期就经历过这种事。我发现许多教练相信，他们应该既是一名运动心理学家，又是一名教练。他们假装自己什么都知道，即使他们的欺骗对他们的运动员不利。父母也可以产生同样的效果。你有没有见过一对无能父母毁掉一个完美孩子的悲剧？我见过。

我们所学到的知识，或者我们相信为真的信念，是我们成功最大的障碍之一。你相信的事情有些是真的，有些则不然。问题是我们不知道如何去区分。最终，最好的方式就是让自己处于“无知”的状态。“无知”会引发好奇心，而“知道”会导致我们产生满足感和傲慢——两者都不会提高你的表现。

自欺欺人的真相

如果你是真正想要提高自己的表现和充分发挥自己潜力的人，请继续读下去。其余的人应该跳到下一章，因为接下来的内容将变得有违常理。

你还在继续读吗？很好！

为了发现关于你自己的真相，你必须首先接受这样一个观点，就是所有人在某种程度上都参与了一场自我欺骗的骗局。我们都在自欺欺人。我们这么做并不是因为我们是坏人，而是人性使然。关于我们自己，有一些过于令人不安的事实，以至于我们无法承认，所以我们把真相推到一个我们可以接受的信念中去。

身边的大人告诉我们的那些关于我们自己的事情也是不准确的，但我们却会相信。孩子们天生就信任和接受他们的父母、老师和家庭的信念。但是，正如我们之前说过的，父母和教练有时也会有错误或局限性的信念，孩子们可能已经接受或部分接受了这些信念。尽管他们是善意的，但是，如果他们根本不知道真相怎么办？

正如我之前所解释的那样，社会心理学提供了一种被称为“镜像自我”的诠释框架。这个原理基本上是说，一个孩子通过与周围环境（家庭、学校等）的互动来形成自我概念和其他核心信念。

你现在明白为什么这段文字会如此不讨人喜欢了吗？

作为一个主动追求自我全部潜能的成年人，我们必须回到过去，重新审视我们在孩提时代所接受的一切事物。我们必须把所有我们认为真实的事物一一列举出来，然后问自己：“我怎么知道这是真的？我需要什么证据来证明这是真的呢？”

这是一个漫长而困难的过程，但它会给你带来极大的洞察力和大量的发现。当你浏览这个列表时，你会发现你拥有的一些信念或真理有些是有证据支持的，有些则没有。但你要继续问自己：“到底什么才是真的，我怎么知道这是真的？”

一旦这个反思过程让你感到舒服，再看看你保留和丢弃的东西，你会感到惊讶。如果你用心做这个练习，你会发现自己抛弃掉的“真理”要比你坚持的多。

一旦你已经很熟练地告诉自己真相，你就进入了一个你可以坦率和诚实地与别人对话的场景。这种技能对担任领导职务的人（经理、教练、家长和教师）尤其有利。没有说出真相的能力，你就不能帮助一个人进步。

有时候，这意味着你不得不与别人分享不同的观点或事实。意见分歧常常导致人际关系紧张或陷入危机，这是大多数人想要避免的。然而，如果不分清楚什么是真实的，什么是不真实的，就不可能有改善和发展。我们每个人既有促进我们发展的信念，也有阻碍我们前进的信念。我们都会有建设性和破坏性的行为。

克服“特殊”或“完美”的欲望，对于你的成长和进步是绝对必要的。我们中的许多人都认为自己必须是特殊的，才能心安理得。如果我们认为自己是“一般”或“普通”的，我们会变得非常心烦意乱或者沮丧。

作为一个普通人也可以获得伟大的成功，这是我们许多人尚未意识到的真理。你的普通（或者你意识到你和别人有更多的共同之处）使你可以理解你的痛苦和失败。

本质上，你需要克服自我的烦恼。你花在思考自我上的时间越少，就会有更多的时间专注于你想要做的事情——你就会变得越好。当一个人对自我的痴迷和关心减少时，行为表现就会得到提升。我们不会因为我们不完美而失败。我们之所以失败是因为我们是人类。

人类并不完美，它会有很多变化，因此我们的行为表现每天都在变化。学会接受这个事实，你会变得更加快乐，你的整体表现也会提高。

想象一下这样一个工作环境，每个人都在热情地追求自己的真相——一个消除自我，极力展示人性的地方。这样的环境几乎是不存在的，然而，这应该是我们追求的终极目标。最好的团队和最好的企业都应该有这样的环境。

人的行为表现不是在真空中进行的。所有的行为表现都受到环境的影响，因为人是社会性的动物。我们都生活在部落、家庭和社区中。

当一群人变得善于说出自己的真相时，他们就会开始对彼此说真话。在商业环境中，我们称之为反馈。在体育方面，我们称之为训练。

在美国企业界，据我观察，说真话的人寥寥无几。事实上，在大多数商业和社会环境中，说真话都是件危险的事情。大多数商界老手都有这样一个故事，他们冒着风险，与老板或同事真诚地分享了意见，后来却因为诚实而受到惩罚。

关键点

大多数人说谎主要是因为说真话太危险了，而不是因为他们有性格缺陷。伟大的领导者会让别人说出真相，然后奖励这种行为。

幸运的是，运动员团队的领导者往往比企业领导人更善于讲真话，因为体育领域的客观性和透明度高于商业领域。体育运动中有训练的概念，在这里，人们可以接受和理解你在尝试发展一项技能或提高水平时犯错误。

企业尚未将训练的概念纳入其工作环境中。每一次会议和谈话都是一场竞赛，而不是训练。每天都是比赛日。这使得犯错误的代价要高得多，同时也增加了同样的错误再次发生的可能性。

现在，有些商界人士可能会反对这个观念，说："我们有培训项目，这与训练差不多。"我非常熟悉商业培训的概念，这与我们平淡无奇的教育体系非常相似。企业和教育系统都是讲究教学方法的，专注于阅读和听讲，而不是实验和实践。成功的定义是记住正确的答案和获得更多的知识。这种系统不能有效地改变行为。

想象一下，你要做一个有点复杂的手术，但这么多年来只有少数几位医生成功完成了这种手术。现在我要你为自己选一位外科医生。以下是你的选择。

- 外科医生 1 是一位受人尊敬的教授，他写了大量文章，阅读了所有关于你的病情和你需要做的手术的文章，但他从来没有真正做过手术。
- 外科医生 2 是一位实习外科医生，她大部分时间都在医院治疗病人，做你需要的那种手术，她做了很多台手术，成功率很高。她不教书，不讲课，回到家时，因为太累了，也不读书。

你会选哪一个？有经验的那个，对吧？在绩效环境中，经验比知识更有价值。

训练允许失败，甚至鼓励失败——也就是说，如果你想采取正确的方法，如果你想要创建一个能提高表现水平的环境，那么首先必须接受和承认失败。这对于你的个人训练和团队实践都是一样的。那些可以自由承认自己的不足和失败的人会变得更好。当你在痛苦挣扎时，如果你能自嘲，感觉到不舒服，或者感到彻骨的痛苦，你就会变得更好。你感到痛苦的时候，就是开始真正改善的时候。

3

“更好”是“最好”的大敌

要想找到自我，必须独立思考。

苏格拉底

我们生活在一种痴迷于“更好”的文化中。无论我们拥有什么，或者我们做得有多好，我们都想做得更好。此外，我们热切地认为，做得更好或拥有更多的愿望对于真正成功至关重要。我们盲目地接受了“你必须要有强烈的愿望才能得到它”的魔咒，但我们也应该承认，很少有人真正地去测试这句咒语。你可以这样想：我们真的会因为渴望进步而变得更好吗？抑或我们实际的成长和发展是由这种追求更好的愿望引起的吗？

此外，我们还严重担心，如果我们对目前的状况感到满意，那么我们就会失去我们的优势，陷入平庸的境地。正因为如此，我们大多数人都被教导不要满足于现状，而要努力做得更好。我们总是对“更好”充满痴迷，在每一次训练之前，我们都能听到“让我们今天做得更好”；在美国企业的每一次绩效评估中，则会听到“我们需要看到更好的数字才能提拔你”。

我们日益增长的欲望和期望的矛盾之处在于，当我们想要得到更多的钱、更好的服务和更多的奢侈品时，我们的生活质量实际上并没有提高。当我们努力取得更大的成功时，我们并没有变得更快乐。相反，统计数据表明我们的状态实际上是在倒退。

我们如何才能阻止这种倒退的趋势呢？答案就是，我们要用“最好”来代替“更好”。

用“最好”代替“更好”

如果我们决定放弃“更好”这个执念，那我们用什么来代替它呢？我建议我们要追求“最好”，而不是“更好”。追求“更好”是一个主观评判。当有人告诉你可以或应该做得更好时，你不会被那个意见所鼓舞。相反，你会觉得别人是在评判自己。此外，当我们告诉自己应该做得更好时，我们也是在评判自己，认为自己做得还不够好。

这种评判在培养和发展技能时毫无帮助。我经常让那些与我交谈的小组成员想一想，他们得到过的最好的职业建议是什么，这些建议可以归类为鼓励还是批评。小组中绝大多数人一致认为，他们得到的最好的建议都是以鼓励的形式提出来的。

“更好”是一种评判，“最好”是一种鼓励。

我们大多数人迫切需要的不是告诉自己我们做得还不够好，要做得更好；相反，我们要告诉自己竭尽所能做到最好，这就足够了。

做到“最好”已经足够了

人类对自己的认识有两种基本信念。我习惯让我的客户告诉我，下面这两种说法中哪一种能更准确地描述他们对自己的认识：

- 我要做得更好；
- 我现在已经做得够好了。

我们中的绝大多数人会选择“我要做得更好”。有趣的是，无论有多成功——我们大多数人都还想做得更好。然而，我们想要做得更好的原因是，我们认为自己做得还不够好。

不管我们是否渴望成长，成长都是一个自然的过程，如果认为需要更好的成长，实际上会阻碍这个过程。我们贯于批评，不能与我们的现实和平相处，这对我们的身心都产生了非常不利的影响。

大多数和我一起工作的运动员很快就意识到他们需要做得更好，而且相信他们的思维正在阻碍他们进步。虽然我可能也会认同他们的看法，但我还认为，他们认为需要做得更好或比现在更好的思维限制了他们的进一步发展。我请他们告诉我，他们在什么时候表现得最好。尽管有些人一开始可能会痛苦挣扎，但每个人都可以找到那令人骄傲的一刻。一旦他们开始讲述自己最优秀的故事时，他们就会说那是多么容易，多么顺利，以及自己是如何战无不胜的。然后，我会问："如果你能更频繁地达到自己最好的状态，你就会不再执迷于做得更好吗？"他们的回答始终是这样的："嗯，那当然了。"这里的秘诀是，你必须做出一个选择，你不能同时既追求"更好"，又追求"最好"。只要你坚持追求"更好"，你就不会实现"最好"。

我们什么时候才是"最好"的呢

维克多·弗兰克尔（Viktor Frankl）是第二次世界大战中大屠杀的幸存者。他也是一位在奥地利接受培训的精神病学家。他在 1959 年出版的《活出生命的意义》（*Man's Searching for Meaning*）一书中精辟地总结了这场争论。弗兰克尔博士警告我们不要去追求成功和幸福：

不要把人生的目标对准成功——你越把它作为目标，越瞄准它，你就越会错过它。因为成功，就像幸福一样，是求之不得的，它总是不约而至。它只是作为个人在献身于比伟大的事业时产生的副产品。幸福肯定会有，成功也是如此：你只能让它在不经意中发生。我希望你听从你的良知，然后尽力去做。最终你会看到，在你一生中，从长远来看（我说从长远来看），成功就会一直伴随你生命的足迹，这恰恰是因为你不执迷于它，不去追求它。

我相信，在生活中，当我们几乎不去考虑自己的时候，我们就会处于一种最佳的状态。在我生活最美好的日子里，我甚至不去想我自己，因为我太忙了，忙于工作和帮助别人。我生活中最糟糕的日子是那些我坐下来考虑事情的日子。我立刻会想起我应该要做的事情，或者我已经做过但做得还不够好的事情。或者说，当我们考虑如何把一项工作做好，或者如何去战胜一项挑战的时候，我们才是最有活力的。因此，我们不应该追求幸福和成功，而应该去寻找下一个大的挑战，下一个不可能完成的壮举。或者正如弗兰克尔曾经写的：“那些有自己活下去的理由的人，几乎可以忍受发生的任何事情。”

我最近会去见一个全美顶尖的大学网球队。该网球队夺得过多次地区和全美锦标赛冠军。它的教练被公认为大学网球队的最佳教练之一。在我们开会的时候，该网球队排在全美前 20 名，最好的球员排名是全美第 3 名。

这个球队由 10 名运动员和 3 名教练组成。在一个拥挤的更衣室里，我开始了 30 分钟的演讲。

我的开场白就是：“我希望你们都想一想，之前在哪一场比赛结束后你们走出球场时，心里想着，‘这是我能尽力打得最好的比赛。’”我给了他们一些时间回想一下这是在什么时候，是和谁比赛，为什么他们认为自己已经尽力而为了，并要求他们找到答案的时候举起手来。

我们在房间里转了一圈，10 名运动员中只有 2 人谈到了最近的一场比赛，剩下的 8 个人说，离他们发挥最好的比赛至少有一年时间了。甚至还有一名运动员说，离他发挥最佳状态的时间差不多已经有三年了。

记住，他们可都是精英运动员。他们几乎每天都打网球，一打就是几个小时，这是他们生活中最重要的事情。

想想看，花这么多时间去做自己喜欢的事情，却又不能尽力而为，那一定是非常令人沮丧的。

与痛苦挣扎的关系以及对痛苦挣扎的需要

我们大多数人倾向于认为我们生活中的事物不是好的就是坏的，不是快乐的就是痛苦的。不幸的是，这种划分实际上并不能帮助我们理解如何开发和培养新的技能。事实上，我们有坏的时候才能拥有好的一面，没有失败就没有成功。我们没有在无能为力之时的压力和挣扎，就不会有最佳的表现。

斯蒂文·科特勒（Steven Kotler）是《超人的崛起》（*The Rise*

of Superman）一书的作者。他收集了关于最佳行为表现的研究成果，并描述了进入最佳行为表现的四个阶段：痛苦挣扎、释放、心流和恢复。

>> 第一阶段　痛苦挣扎

为了达到心流的状态，我们必须先尝试去做一些自己无法轻易做好的事情。在商业上，这可能是开发一个更优于目前产品的新产品或程序。在体育方面，我们可能会在本赛季进行一场比上个赛季更艰苦、时间更长的训练。

这种痛苦挣扎给我们的脑化学带来了巨大变化。压力荷尔蒙（去甲肾上腺素、皮质醇和肾上腺素）的释放，会让我们变得更加专注和紧张。然而，除非我们给这个系统施加压力，否则我们根本无法释放荷尔蒙。不幸的是，这种压力会导致我们大多数人产生沮丧和愤怒的情绪，反过来又会让我们中的许多人分心或半途而废。我们如何面对这一关键阶段，决定了我们是不断进步，还是陷入沮丧之中。那些没有失去希望，好好利用这个关键阶段的人，将比他们的竞争对手拥有更大的优势，因为他们会更频繁地发现自己处于最佳状态之中。

>> 第二阶段　释放

第二阶段是介于痛苦挣扎与心流之间的阶段。释放的阶段就是当我们放弃挑战，让自己有时间恢复的阶段。当我们这样做的时候，第一阶段的压力荷尔蒙就会减少。

释放阶段并不重要——启动这个阶段的方法有很多种。做一些不那么严肃的、轻松的事情通常会奏效。笑声是进入释放阶段的一个信号。一旦我们进入了释放阶段，另一个化学反应就会在大脑中发生：一氧化氮注入大脑的神经元。一氧化氮是与心流有关的有益化学物质（多巴胺和内啡肽）的前身。

>> 第三阶段　心流

前两个阶段对于建立心流的基础是绝对必要的，而心流是你成为最好自我的基础。换句话说，就是压力伴随着笑声，带来了“啊哈！”的良好感觉。如果你是一位数学家，那么就可以用这个公式来表达：痛苦挣扎 + 欢乐 = 棒极了。

>> 第四阶段　恢复

当我们经历了心流的奇迹之后，我们必须经历一个恢复的阶段。虽然难以置信，但是心流对大脑也是一种非常沉重的负担，它需要消耗大量的能量和神经化学物质。

在恢复阶段，最有益的效果之一就是记忆整合，在此期间，数据从短时记忆转为长时记忆。这一过程使我们能够保留我们刚刚拥有的经验，并有助于提高我们对未来事件的自我效能感和信心。然而，进入恢复阶段就像坐过山车一样，从心流的巅峰上极速滑下来——这有点令人沮丧。我们不再感到骄傲和自我膨胀。

我们又一次变成了普通人。

对未来的信念

除了对自我的执着信念之外，我们对未来和将要发生的事情也有一个基本的信念。

我们大多数人相信下面两个判断中的一个：

1. 一切都会好起来；

2. 一切都不会好起来。

正如你想象的那样，我们对未来的信念对当下的生活和表现有着巨大的影响。如果我们相信一切都会好起来，那么我们的压力、焦虑、抑郁、沉迷和失眠都会比我们想象的要少得多。在体育运动中，运动员如果相信自己会打得好，会取得胜利，就可以专注于现场的比赛，不会随着比赛的进展而感到焦虑或紧张。在商业中，销售代表如果相信客户想购买自己推销的产品，就能够充满自信地向客户做详细的产品介绍。

当我和销售团队交谈时，我告诉他们，在他们与客户见面或与客户交谈之前，他们会一直下意识地考虑这次销售拜访的情况以及如何进行下去。他们要么相信客户会达成交易，要么会拒绝交易。这种信念有时候会导致我们做出甚至连自己都没有意识到的行为。我们在交谈中的许多回答和反应都超出了我们的意识感知。因此，充满自信的销售代表比那些缺乏自信、认为自己无法完成任务的销售代表拥有更大的竞争优势。他们相信一定会完成销售任务，从而增加了他们真正获得订单的机会。

对未来的消极信念几乎总是会导致焦虑和压力。事实上，这些焦虑或忧虑的本身就是对未来的消极信念。焦虑是基于对未来判断的信念，而抑郁是基于对过去判断的信念。如果你问人们他们在担心什么，有人会告诉你，他们担心的事情在不久的将来会发生。当与心情抑郁的人交谈的时候，他们的故事通常始于他们不得不忍受的过往和发生过的不幸事件。

当谈论未来时，大多数人把它当作一个事物、一个实体，或者一种确定性，但是未来完全不是这样的。未来是你创造出来的一个虚构的想法。这是一个你要写一辈子的虚构故事。每天你都在重写“我的未来”的故事。有趣的是，我们并没有意识到我们在创造一个虚构的故事，反而觉得它并非虚构，而且完全真实。我们欺骗自己相信一些被虚构的事物，因为我们的大脑没有意识到这些虚构的事物其实是我们自己创造出来的。

自我实现的预言

我们大多数人倾向于根据别人的生活或过去的生活事件来创造出一个故事。作为一个身心健全的成年人，你必须明白，你的未来是由你对它的看法来决定的。当你准备去一个你从未去过的地方旅行时，你有没有注意到你的大脑里在想什么？它会开始创造这个地方！你并不是有意这么做的，但事情就这样发生了。当你想到酒店时，你的头脑就会创造出一家酒店。当你想到气候或天气时，你的大脑也会神奇地创造出这样的气候和天气。如果你要在那里遇到一个你从未见过的人，你就会创造出那个人。你甚至在离家旅行之前就创造出了整个旅行的体验。

这就是一种魔法。我们认为会发生的事情，通常就会发生，这被称为自我实现的预言。自我实现的预言表明，一个人对未来的信念实际上可以控制现在的行为，这反过来又会使预言成为现实。

让我们来看一个例子。我最近与简·帕克（Jane Park）一起工作，她是一名参加 LPGA 的职业高尔夫球手。在讨论她的比赛时，她说开球是她打得最好的一杆，而推杆是她打得最差的。我问她为什么觉得自己开球打得好。她告诉我，她在击球前就知道球会飞到哪里。她说：“我只是看着我的目标。我不用想我的挥杆动作，因为球就会飞去那儿。”但是，在推杆的时候，恰好相反。她不相信球会打到她所希望的地方，因此她会全神贯注于她的击球动作。她没有想象球会掉进洞里，而是在想她的挥杆技术和她应该如何用力击球。我告诉她，她认为自己推杆打得不好，她就把自己设定在了打得不好的场景中。这个故事证明，当我们建立一个消极的自我实现的预言时，勇敢承认这一点是很重要的。如果我们没有意识到这一点，它将肯定会影响我们的行为和结果。

再看一个自我实现预言的例子。从罗伯特·罗森塔尔（Robert

Rosenthal）在 20 世纪 60 年代末进行的经典心理学研究中，我们会看到皮格马利翁效应（Pygmalion Effect）。在这项研究中，一所小学的老师被告知，他们班的五名学生是“学霸”，或者是学习能力很强的学生。由于他们拥有优秀的认知能力，教师期望这五名学生的成绩优于班上的其他学生。这五名学生实际上是随机选择的，在智力上并不优于其他学生，但结果证明并非如此。这五名学生在这一年中的表现实际上超过了他们的同班同学。这是为什么呢？因为老师给予了这些学生更多的关注，给了他们更多的反馈，问了他们更多的问题，给予了他们更多的鼓励。

你在现实生活中见过皮格马利翁效应的例子吗？如果你留心，你会发现无论你走到哪里都会有这样的事情发生。事实上，你甚至会发现自己正在做这件事。

实际上，我们每个人都有能力通过不断地创造和想象将会发生的事情来创造我们自己的未来。有趣的是，大多数心理学研究表明，最重要的不是发生在我们身上的那些事情，而是我们对这些事情的反应。受害者会相信意外事件正发生在他们身上。他们通常会说：“你不会相信我身上发生了什么。”相反，那些有能力控制自己生活的人明白，尽管他们发现自己处于这样的境地，但他们还是有选择的余地。

请记住：你控制着你自己的未来，控制着帮助你实现目标的思维。

4

心流的重要性

要达到心流状态，就必须甘冒风险。

爱一个人就必须坦露自己的灵魂，冒着被拒绝和被羞辱的风险进入这种状态。运动员一定要愿意冒着受伤，甚至失去生命的风险进入这种状态。艺术家必须愿意顶着评论家和公众的鄙视，仍然继续前进。

作为你和我这样的普通人，如果我们希望进入这种状态，一定要甘愿失败，自视平庸。

内德·哈洛威尔（Ned Hallowell）

哈佛大学精神病学家

正如我们在前一章中讨论的那样，在达到最佳表现的过程中，心流是第三个阶段。虽然每个阶段对于达到这种状态都很重要，但是理解和创造一种心流状态对于在商业、体育和生活中获得成功至关重要。

心流背后的科学

那么，我们自己如何来创造出这种状态呢？第一步就是了解什么是心流，以及这种最佳状态背后的科学原理。

>> 脑电波：β 电波、θ 电波和 γ 电波

多年来，科学家们一直在研究人们的最佳状态。在体育领域，我们研究了几十年来最优秀的运动员和他们的最佳表现。这门关于人类最佳表现的科学研究给我们带来了很多有趣的东西，可以告诉我们如何找到最佳答案。我们将最佳表现称为“进入状态”或“进入心流状态”。

我们还了解到，大脑的状态在心流阶段与我们在痛苦挣扎的阶段是不同的。当大脑处于自然状态时，脑电波（或活动）处于 β 阶段；当大脑处于心流状态时，脑电波处于 θ 或 γ 阶段。

- β 电波出现在正常活动中。这些脑电波支配着我们正常的觉醒状态，当我们的注意力被指向我们自己之外的认知任务和事件时，这些脑电波的活动就会很明显。由于 β 电波传播得很快，当我们专注于解决问题和做出决定时，我们就能发现它。当人类处于高度警觉状态，在压力下、焦虑不安时，β 电波也占据主导地位。
- θ 电波出现在成年人冥想、昏睡或困倦的状态中，但不会出现在睡眠的最深阶段。θ 电波可以产生一种天人合一的

感觉。

- γ 电波拥有最快的频率范围，它们从前到后扫描大脑，频率高达每秒约 40 次。人们相信 γ 电波对于有意识的关注是至关重要的。如果没有 γ 电波，一个人可能会陷入昏迷状态。γ 电波被认为与高度的洞察力和高水平的信息处理能力密切相关。

如果你把心流状态和人类正常运作的状态进行比较，就会发现两者之间有很大的差别。β 电波存在于我们清醒状态和心流的第一阶段中。当你进入心流的活跃阶段，β 电波就会被 θ 电波和 γ 电波所取代。这个过程对于心流状态的产生至关重要。

>> 神经化学物质：多巴胺、内啡肽和阿南达胺

另外，当人处于心流状态时，大脑的化学反应也与其他状态下明显不同。多巴胺、内啡肽和阿南达胺是三种与心流最密切相关的神经化学物质，它们对产生幸福感和最佳状态都至关重要。

- 每当你完成一项任务时，多巴胺就会被释放出来（这就是为什么查看完手机和回复一条短信后会感觉很好），它对于奖励行为是至关重要的。每次你得到奖励、赞美或认可时，多巴胺在大脑中的水平就会增加。

- 内啡肽是你的身体中产生的一种类似吗啡的物质。它们有助于抑制疼痛信号的传递，也能产生愉悦的感觉。当你通

过体能挑战来锻炼或刺激你的身体时，体内就会释放出内啡肽。“跑步者的兴奋”就是内啡肽的副产品。

- 阿南达胺最早于 1992 年被发现，它以梵文单词“ananda”来命名，意为“幸福”“喜悦”或“高兴”。这种化学物质可以减轻疼痛，抑制食欲，提高情绪，改善运动控制，增强记忆力。阿南达胺的主要作用之一就是抑制我们对恐惧的感知能力，甚至可能消除我们对恐惧的长期记忆。

你的大脑功能是电流（脑电波）和化学物质反应的产物。我们的最佳水平如何取决于这两个因素。这项研究还表明，为了让人类处于最佳状态，我们需要做体能运动（释放内啡肽），完成任务，并获得成就感（释放多巴胺）。换句话说，我们天生就想挑战我们的身体和内在自我；反过来，我们的身体也会奖励我们。

除非我们以这样的方式来生活，否则我们不可能成为最佳的自我。不幸的是，许多人试图找到另外一个快捷的方法，让我们从心流的体验中得到快乐和享受。这有助于解释为什么有这么多人使用药物和其他物品来获得快感。然而，当我们人为地去尝试创造一种心流体验时，就会带来不少后续的问题。当我们自然地进入心流状态时，不仅仅是在体验美好的感觉，而且也大大增强了我们的自信和能力。

>> 化学物质：皮质醇和去甲肾上腺素

当然，在绝大多数时间内，我们大多数人不会一直处于心流状态。事实上，恰恰相反。我们总是容易焦虑、紧张和恐惧，我们为这种精神状态付出了巨大的代价。当我们受到威胁或感到威胁时，大脑就会释放出化学物质，这些化学物质会阻碍我们的身体机能，最终伤害我们的身体。研究发现，在我们处于压力之下时，有两种化学物质会在大脑中蔓延。它们就是皮质醇和去甲肾上腺素。

- 皮质醇是一种类固醇激素，当一个人承受很大的压力或血糖水平降低时，它就会被释放出来。
- 去甲肾上腺素能调动大脑和身体进行人体活动。睡眠时，水平较低；清醒后，水平会不断增加。当我们意识到危险时，去甲肾上腺素水平会非常高，它在战斗或逃跑的反应中起关键性作用，它可以在我们生死攸关的情况下发挥重要作用。

当我们处于压力之下时，大脑会释放出皮质醇和去甲肾上腺素，我们的身体功能就会受到损伤。皮质醇在小剂量和紧急情况下是有好处的。但是，当我们长期处于压力状态时，皮质醇会损害我们的免疫系统，抑制骨骼和肌肉的生长和运动。皮质醇也会使身体对去甲肾上腺素的影响更敏感，因为去甲肾上腺素会减少流向肌肉的血液。

去甲肾上腺素一开始也是有助于我们进入运动竞技状态的，因为它可以使我们的血液流动加速和心跳加快。但是，如果你不能控制这种突然的爆发，你可能会开始颤抖，并失去控制。当我们说运动员出现临场“窒息”时，就是发生了这个过程。

同样重要的是，我们还要注意，在压力大的时候，我们倾向于更多地去思考问题。有些人报告说，他们无法平静自己的大脑，无法放松自己。我们知道，在心流状态下，头脑是平静的，运转得非常好。科学告诉我们，当大脑的额叶（我们用来思考和推理问题的部分）变得过于活跃时，实际上会抑制大脑中引发运动行为的那部分组织。因此，思考问题通常与最佳表现无关。

与心流相关的神经化学物质

史蒂文·科特勒还解释了心流状态中的五种主要神经化学物质是如何相互作用的，从而帮助我们创造出一种精神状态，让我们可以经常观察到精英运动员的一流表现。

想一想，你大脑中的化学物质能够传达两种不同的信息。兴奋性化学物质告诉大脑可以做更多的事情或者继续做它正在做的事情。抑制性化学物质会发出一个信号，让你停止或减少你正在做的事情。人类的行为表现是内心状况、外在行为和外部事物之间的一场舞蹈。其达到极致就是你的内外环境的完美统一。

有五种神经化学物质在心流中起到至关重要的作用。理解它们各自的功能，以及它们如何一起共同创造出心流状态是非常重要的。

- 多巴胺在心流过程中占据主导地位。当我们在情感上兴奋、投入和好奇时，我们会体验到多巴胺。每当我们进行一场冒险或遇到新事物或奇异事物时，多巴胺就会被释放出来。它本质上是对这种行为的奖励，每当我们完成一项任务时，我们体内的多巴胺也会增加。在精神上，它帮助我们提高专注力和改善识别模式，并改进我们对信息的处理方式。在身体上，多巴胺会影响心率、血压和肌肉活动，因此在身体技能的发展中也起着关键作用。

- 去甲肾上腺素也通过增加心率和呼吸频率来激活身体，同时也会提高血液中的葡萄糖含量，从而给我们的身体提供能量。大脑是一个酷爱吃葡萄糖的馋嘴猫，所以去甲肾上腺素也可以为你的大脑提供能量。去甲肾上腺素可以增强你保持清醒，提高注意力和管理情绪的能力。它帮助我们专注于手头的任务，避免被其他次要的事情分心。

- 内啡肽是第三种对心流起关键作用的化学物质。这个词字面上的意思是“体内吗啡”，因此当我们的大脑释放内啡肽时，我们会感到一种令人难以置信的快感。当我们从事剧烈的体育活动时，内啡肽会阻止我们感到疼痛，用愉悦来代替疼痛。研究表明，内啡肽的效力是医用级吗啡的100倍。

- 阿南达胺是另一种能使你感觉良好的化学物质。它可以在身体运动引起的心流状态下被释放出来，用来提升情绪，减轻疼痛，并抑制感觉恐惧的能力。它还通过改善横向思维来帮助我们提升认知功能，这使我们能够将散乱无序的想法联结成为一个整体。阿南达胺的物理作用是扩张血管和支气管，这有助于提高人体的吸氧能力。

- 血清素出现在心流状态的末尾阶段。我们早就知道血清素是一种重要的神经化学物质，它的重要性在于可以用来治疗患有抑郁症的病人，因为他们的大脑中缺乏血清素。血清素不仅有助于治疗抑郁症，而且还能帮助我们应对逆境和挑战。这种化学物质也能使我们感觉到与他人的联系，并在一个更大的整体或团队中来体验自我。

心流的八大要素

商界领袖们不断敦促他们的员工提高他们的技能，要求他们在更短的时间内完成更多的工作。尽管大多数领导都承认他们希望他们的员工能尽力而为，做好工作。但实际上，他们创造的那种环境，只会事与愿违。压力很大的工作环境会阻碍员工进入心流状态，去尽力做好自己的工作。盖洛普（Gallup）的研究表明，70% 的美国工人没有全身心投入到工作中去，只有 30% 的工人能完全投入到高水平的生产和工作中。

阻碍员工投入工作的主要因素之一就是他们与老板的关系。老板如何与员工互动是提高员工绩效的关键。另一个关键因素是工作的任务。必须让员工有一份他们能切实完成的工作任务，而且这项工作还要与他们的实际技能相匹配。

在我看来，米哈尼・契克森米哈赖（Mihaly Csikszentmihalyi）的《心流》（*Flow*）一书也许是迄今为止在阐述人的最佳行为表现方面最好的一本书。在这本书中，他阐述了"享乐的现象学"。他说，要完成一项任务，比如工作、开心以及要创造一个能使人全力以赴的空间，需要有八个主要的组成部分。

米哈尼・契克森米哈赖认为心流由以下八个主要部分组成。

1. **我们必须相信我们有机会完成这项工作任务。**你有多少次听人说过"我做不到"？一旦我们认为任务超出了我们的能力，实际上这项工作任务就已经结束了。在那一刻，我们的工作任务变得不可能完成了。

2. **我们必须能够专注于这项工作任务，不受其他次要的环境因素影响。**如果我们不能集中精力，我们就无法表现得最好。有无数的事情让人们无法集中精力工作，其中之一就是工作本身。试图完成任务（专注于结果）实际上分散了我们对当前任务（过程）的注意力。当我们仅仅专注于最终的结果，或专注于要完成任务，而不是专注于完成任务的过程时，就会发生这种情况。

3. **我们必须有明确的目标。**为了表现出色，我们必须设定一个目标，并相信它是可以实现的。有趣的是，如果目标发生变化（在美国企业界，这是常见的事情），那么人们也会变得困惑或分心，他们将失去展示最佳表现的能力。

4. **我们需要立即对我们的表现做出反馈**。在任何时候，人们都想知道他们到底表现得如何，这是他们获得安全感的重要方式之一。

5. **必须有一个深入和轻松的工作参与度**。如果工作环境压力很大，那么会有太多的干扰让员工无法专注于手头的任务。

6. **我们必须对自己的行为有一种控制感**。告诉人们该做什么和如何做，通常来说，并不是很有帮助，因为人们已经拥有了基本核心技能来完成这项工作。人们更乐于被告知需要做什么工作，然后允许他们自己想出如何应对挑战。

7. **更为有趣的是，当我们处于最佳状态时，我们几乎意识不到自我**。当我们进入心流状态时，我们不再考虑或担心自己。我们不再怀疑自己是否足够优秀，或者事情是否会有所进展。相反，我们只是做我们面前的事情，并停留在当下的时刻。

8. **当我们进入心流状态时，我们的大脑处理感觉数据的方式也被改变了**。我们的时间观念被扭曲了，我们对事物的看法也不同了。具体来说，时间可以通过减慢或加速我们的感知来发生改变。一个小时可以看上去像一分钟那样短，一秒钟看起来可以像一天那样长。随着时间的改变，我们的感知能力也在增强。运动员经常说，球似乎变得更大，移动更慢，使人更容易看到和接触到球。在这段时间里，运动员们感觉到他们不仅控制着自己，而且控制着整个比赛，因为他们感觉到了时空上的力量。

心流的这八个主要组成部分告诉我们，我们需要把试图变得更好抛在脑后，而是专注于让自己进入心流状态，这将产生出最好的自我。当我们经历心流状态时，它会让我们感到更加自信、更加熟练、更加兴奋。事实上，通过尽力而为，我们会变得更好、更快，这能促进我们的成长和改善。当我们专注于变得更好的时候，我们实际上抑制了心流状态，减缓了其发展的过程。

5

大大的“为什么”：质疑的意愿

是什么让光必须忍受燃烧。

维克多·弗兰克尔

在刘易斯·卡罗尔（Lewis Carroll）的书《爱丽丝梦游仙境》（*Alice in Wonderland*）中有一句很棒的台词。爱丽丝和柴郡猫在岔路口相遇后，爱丽丝对猫说：“请你告诉我，从这儿起，我应该往哪条路走？”

“这取决于你想去哪里。”猫说。

爱丽丝说：“我不太在乎要去哪里。”

“那你走哪条路都没关系。”猫咕哝道。

“只要我能走到一个地方就行。”爱丽丝补充道。

“哦，你一定会走到的，”猫说，“只要你走得够远。”

这个故事告诉我们，我们需要知道我们想去的目的地。你不需要知道确切的位置，但你最好至少知道一个大概的方向。

目标设定这个话题已经引起了许多人的关注，这里面包括体育心理学家、教练、经理以及任何试图让你做得更好的人。从这些专家那里，你听到的主要教训是：（1）你必须有目标；（2）目标应该是具体的。没有明确的目标，你就不会成功。

下一步，他们会解释说，这是一个过程。在这个过程中，你可以说出你的目标，然后把它们写下来。一旦你清楚地说明了你的目标，魔法就会出现——总有一天，你会实现你的目标，因为你把它们记下来了。

我可不买账。当然，设定目标是有帮助的，把目标记下来也有助于巩固目标。但事实是，许多人每天都在没有明确目标的情况下取得成功。那是因为这些人拥有更为重要的东西，那就是他们的意愿。

意愿是很强大的，因为它解决了为什么要去做的问题。你为什么要早起锻炼？你为什么要工作到很晚去查看一下你的员工？你可以没有明确的目标，也可以是一个普通人，但你肯定有做事情的意愿。但是，如果你有目标，却没有做事的意愿的话，通常也很难实现你的梦想。

最近，我会见了几个大学兄弟会的朋友。有些人在商业上非常成功，这么多年来赚了不少钱。我的一个朋友格雷格·乔丹（Greg Jordan）最近把他的公司卖给了一家更大的公司，并同意在过渡期间继续担任几年经理人。

他的新老板要求每个人都要参加周一上午的电话会议。在电话会议上，每一位经理都要告诉管理团队，他计划在那周做些什么事情来提升业务。这是一种在资深经理中建立问责制的方法。

我的朋友格雷格已经创办和出售了好几家公司，并在这个过程中取得了相当大的成功，他认为这种培训既低级，也没有必要。最后，轮到他向管理团队汇报了。

“先生们，”他说，“在这个星期里，我要做过去 25 年来我每周都做的事情——那就是去找点乐子，多赚点钱。”说完就结束了。

电话里，每个人都很安静，空气中弥漫着一种紧张的气氛。格雷格告诉他们，如果你对自己的能力有信心，那么你就可以在没有特定目标的情况下取得成功，这叫作期望成功的力量。这不是大多数人典型的想法，但是这告诉我们，如果我们想要找到值得去的地方，那么我们应该如何去那里。

关键点

如果你知道你想去哪里，你就会找到去那里的路，这条路很可能是你以前从未走过的一条路。先有做事的意愿，再有做事的目标，最后才是如何去做事。

大大的“为什么”

我开始与客户交谈时，经常会问他们一个关于目标的问题：“你想要什么？”通常，他们答不上来。

你能回答这个问题吗？你想要什么？

我们每个人都想要心安理得，心满意足。我发现这很有趣，因为我认识很多感到不满的成功人士。他们似乎从来没有完全满足过，但他们仍然很享受生活，接受生活的挑战和痛苦。一旦完成一项挑战，他们就会去找下一个挑战，从不花太多时间沉浸在成功的光芒中。

当你有做事的意愿的时候，你不需要设定目标。目标不是做什么事情和如何去做事情，而是知道为什么要去做。我把它称之为大大的“为什么”。如果你设定一个目标，却不理解其背后的原因，那么或许你应该重新评估这个目标。

我们在设定大目标的时候，面临的主要问题是我们太注重安全了。我们大多数人都会找到自己想要的（一个目标），然后制定出达到目标所需的步骤和方案。这很简单，对吧？错了！我们制定的目标往往是我们非常有信心能实现的目标。为什么这样做是错的呢？因为我们需要认识到，不能达到目标也是实现目标的一部分。

最近，我和一群销售人员交谈时，我要他们每个人都设定一个销售目标。而且，这个目标，只要他们努力，就能百分之百地达到。

房间里的每个人都完成任务之后，我让他们再制定一个目标，写在纸上。这个目标就是，他们认为自己有 90% 的把握去完成的目标。大家咕哝了一阵后，开始重新写下他们的目标。

“太棒了！”我说，“你们快成功了。现在，让我们再重写一个目标，这个目标是你只有 80% 的把握去完成的目标。”

这个团队的领导瞪了我一眼，好像在说我是不是可能疯了。当他们都完成之后，我让他们决定他们到底想做得有多好。

对于那些想保住自己的工作，对目前工作感到满意的人，或许今年还能拿到一个不错奖金的人，就到此为止吧。但对其他人来说，我们还是继续吧。

“好吧，现在再制定一个目标，这个目标是你只有 70% 的机会去完成的目标。”

他们完成了这一轮后，我又问他们，是想停下来，还是继续前进。坐在中间的一位销售员大声喊道：“来吧，是的——让我们继续前进！”

我走到他跟前，掏出钱包，给了他 20 美元。

“这种态度会让你赚更多钱，”我说，“那么其他人呢？你们感觉怎么样呢？有人紧张吗？”

有几个人举起手来。

“太好了！”我说。“这就是你想要的——一个能让你全力以赴的目标。”这会让你体内的肾上腺素沸腾，让你感到正在接近高潮的边缘。我们就快完成了。现在重新制定你的目标，这个目标你只有 60% 的成功机会，这就是你的最终目标。

这才是你要做的。当你设定目标的时候，你必须定一个大目标。设定一个没有失败概率的目标是浪费时间。那只不过是鼓舞士气的动员会，毫无实际意义。

言行一致

去年，我步入人生的第 50 个年头，我想做一件大事来纪念一下。当时我和很多长跑运动员一起工作，于是我决定在五十岁生日那天跑一次马拉松。

经过几周的训练后，我发现自己对跑另一场马拉松并不感到十分兴奋。我和伊恩·托伦斯（Ian Torrence）是好朋友，他是一位经验丰富的长跑运动员，他已经参加了 150 多场超级马拉松比赛（大多数超级马拉松的赛程都在 31 英里[①] 以上，伊恩已经参加过赛程长达 100 英里的马拉松比赛）。

我问伊恩，我要跑一场超级马拉松必须要做哪些准备工作。他提出我必须要做出一个承诺，并全力以赴去实现。我马上意识

① 1 英里 ≈ 1.609 千米。——译者注

到，我可以跑 31 英里，或者 50 英里的超级马拉松比赛。我的积极性和兴奋感顿时大增。

经过进一步的研究，我得出结论，我能跑完一个标准马拉松的概率在 90%，跑完 31 英里赛程的概率在 60%，能跑完 50 英里赛程的概率在 40%。

在生日前的那个周末，我来到了我最喜欢的跑步路线，绕着一英里长的环路，跑了 31 英里。朋友和家人们都加入了我跑步的行列，这是一个有趣的（是的，也很痛苦）经历。如果我没有把目标从标准马拉松提高到跑 31 英里的超级马拉松的话，我就不会保持完成这项任务的兴趣或动力。所以，我引入了更大的失败风险。突然间，这个挑战让我真正地全力以赴了，这是一次真正的冒险。

关键点

没有风险的目标是不值得拥有的。

我们不时会听到有人在谈论备份计划——B 计划。如果 A 计划不起作用的话，那就执行备份计划。当我们创建一个 B 计划时，与其说是建立一个安全边际，不如说是做了一个绞索。因为这会破坏你自己已经制订好的方案。任何有 B 计划的人都不会全力以赴地去执行 A 计划，因为他们已经准备好对冲风险的赌注。制订

B 计划的人实际上是在规划失败——他们只是不知道而已。干掉 B 计划，否则它会干掉你。

一旦你制订了一个计划，你就必须完全遵守和执行这个计划。B 计划的议程将阻止你全力以赴地去执行既定计划，并最终影响你的行为表现。只制订一个计划，并全力以赴去执行才是最好的成功战略。

6

想要获胜 VS 期望获胜

人生中最大的危险可能是你过于谨慎。

阿尔弗莱德·阿德勒（Alfred Adler）

2007 年，我在北卡罗来纳州的布鲁洛克与皮特·瑞亚（Pete Rea）和扎普（Zap）精英团队合作时，结识了芭芭拉·帕克（Barbara Park）和她的丈夫肖恩。

当时，芭芭拉和肖恩是两位非常优秀的大学长跑运动员，从佛罗里达州立大学毕业后，他们就结婚了。芭芭拉来自英国，她获得了佛罗里达州立大学的奖学金，参加过越野赛、1500 米和 5000 米比赛和障碍赛等运动项目。

在大学运动生涯成功之后，芭芭拉成了一名职业运动员，并以成为一名奥运选手和代表英国参赛为目标。2008 年，她入选了英国国家队，在中国北京参加了障碍跑比赛。不幸的是，她未能晋级决赛。

虽然她在自己运动生涯中的第一次奥运会上表现得不太好，但是芭芭拉还是达到了她的目标，成为英国国家队的一员。和大多数第一次参加奥运会的运动员一样，她的主要目标是能参加奥运会，而不是赢得一场比赛或一枚奖牌。

芭芭拉知道她能跑得更快，于是她继续训练，让肖恩做她的教练。2011 年夏天，她参加了在韩国大邱举行的世界越野锦标赛。这一次，芭芭拉发挥得很好，通过预赛，晋级前 15 名，进入决赛。然而，一旦进入决赛，她就发挥得很差。

当她第一次告诉我这个故事时，我就问她，她在世界越野锦标赛上的目标是什么。

“进入决赛。”她说。

针对这一点，我对她说，她总能在这些重大赛事中完成她的既定目标。

“不，我没有。”她回敬道。

“嗯，想想看，芭芭拉，”我说，“你 2008 年的目标是入选国家队并参加奥运会。你做到了。你在世界锦标赛上的目标是进入决赛。你也做到了。”

她说：“是的，我进入了决赛，但我跑得很糟糕，在比赛一开始就输了。”

“但你在比赛中除了想完成比赛之外，什么也不想做。你做到了——你完成了比赛。”

“你到底是什么意思？”她问。

“你进入决赛的目的并不是为了获得名次，而且你肯定不想赢得这场比赛，对吗？你做到了你想做的事，不多也不少。”

芭芭拉低下头，想了一会儿，说：“是的，我想你是对的。”

“那么，让我问你一个问题，你在2012年奥运会上的目标是什么？”

芭芭拉想了一会儿，说：“我绝对想晋级决赛。我知道我能做到，因为我已进入了世界锦标赛的总决赛。我是世界上最优秀的15位运动员之一。”

“每天早上，所有即将进入女子障碍跑决赛的15名女运动员都会起床，穿上她们的跑鞋去训练，对吗？”我问她。

芭芭拉点了点头说：“是的。”

“所有这15名运动员可能都希望进入决赛。她们都认为自己有足够的实力进入决赛。你同意吗？”

“当然了。”她说。

“这15名运动员中有多少人希望获得奖牌呢？今天有多少人打算在2012年奥运会女子障碍跑比赛上获得奖牌呢？”

“哦，我不知道，”她说，“有几个非洲运动员可能认为她们会获得奖牌，还有俄罗斯运动员。”

“那么，平心而论，每天都有一些运动员为了参加奥运会而训练，有些人希望经过训练进入决赛，有些人在训练时相信自己会获得奖牌，还有一小部分人训练的目的是为了赢得比赛，是吗？”

芭芭拉说：“的确如此。”

“所以，我们从现在开始吧。离奥运会还有八个月，我们就算 240 天吧。你可能还有 200 天的训练时间，一天训练两次的话，在奥运会之前总共有 400 次训练。你认为谁会训练得最刻苦呢？你认为那些为能参加奥运会而训练的运动员，是否会像那些为了赢得金牌而训练的女运动员一样，集中精力用同样的强度和目标来训练呢？”

我继续解释说，如果每天醒来，她的整个生活目标，是为了生存，是为了跑步，是为了成为世界上最优秀的运动员，是为了赢得金牌的话，她就会与那些只想着能参加奥运会的运动员完全不一样。

希望获得金牌的运动员比其他选手拥有更大的优势。这不仅体现在比赛的时候，还体现在每一天和每一次训练上——在奥运会之前还有 400 次训练！

如果芭芭拉不想赢得比赛，她就已经放弃了比赛。你也是如此。你已经放弃了机会，无法去了解你还能跑多快。战胜一场比赛的最好方法就是赢得比赛！唯一能发现你到底有多优秀的方法就是愿意付出你所拥有的一切，全力以赴去争取胜利。对胜利的渴望和尽力而为成就最佳自我的期望是一样的，只有那些想要赢的人才会尽力而为成就最佳自我。

这就是为什么胜利很重要，这就是你成就最佳自我的最好途径。

关键点

为了尽力而为成就最佳自我，你必须期待胜利。

甘冒一切危险

尽管芭芭拉在体能上很有天赋，但为了发挥她的潜能，她必须不惜一切代价。这种风险包括设定一个她可能达不到的远大目标。

几个月后，我们重温了她设定的 2012 年的目标。这一次我问她怎样做才能登上领奖台。“你可以想象自己领奖牌的情景吗？”我问。

她想了一会儿，说：“我速度很快。我最后的 800 米冲刺比世界上任何人都快。如果我能在一开始 2000 米的比赛中处于领先地位的话，我就可以获得奖牌。”

“太好了！这是你的新策略和目标。我问你，你为什么要参加比赛？”

“因为我想要一枚奖牌。”她说。

“不，应该是你期望获得一枚奖牌！”

每个人都想要一枚奖牌，但只有那些真正相信自己会获得奖牌的人才有机会。想要奖牌是一种有意识的愿望，而期望获得奖牌是一种无意识的信念，两者有很大的区别。从那天起，在我们开始每一次会议之前，我都要再次问芭芭拉为什么她还在坚持跑步。几个月后，我们进行了以下讨论：

“因为我要在伦敦奥运会上赢得一枚奖牌。”她会说。

“你是真的相信，还是只是在说我想听的话？”

“你知道，这真的很有趣，”她说，“起初我不得不假装这样，但现在我开始相信这是真的了。”

在短短的几个月里，我们的目标已经从努力进入决赛变成了期望赢得一枚奖牌。芭芭拉注意到她的训练的强度和效果都有所改善，她经常给我发短信汇报进展。

为了评估她训练的进展，肖恩会让芭芭拉每隔几周重复一些训练，以确定她需要在什么地方做出改进。总的来说，她对艰苦训练的态度已经改变了。

我们讨论过，如果你真的想要变得更好，那么你就必须让你的训练变得更艰难，因而会更痛苦。一旦你意识到这些困难对你的进步是至关重要的，那么就没有必要去回避这些困难了。为了成就最佳自我，一个人必须愿意忍受痛苦。如果你希望逃避痛苦，那么你也不会变得更好。

一个人必须懂得痛苦是渴望的一种状态，当痛苦来临时，不要回避它。

关键点

期望决定了行为表现。每个人都想要获胜，但只有极少数人会期望获胜。

在我与公司客户的合作中，我看到了同样具有挑战性的问题。大多数人对我们认为在工作中什么是能做到的，什么是不可能做到的有着强烈的信念。一般来说，我们大多数人低估了自己的能力。在我与销售团队的工作中，最重要的是要让一个销售代表意识到，在她参加销售会议之前，她必须对即将发生的事情有一个预期。换句话说，她必须明白，在每一次会议上都会有可能和不可能发生的结果。

研究表明，只有大约一半销售代表会在第一次尝试被拒绝后，再打第二次电话；在第二次被拒绝之后，75% 的销售代表会认为与这个客户做生意的可能性太渺茫，就不再打电话了；第三次被拒绝后，只有 12% 的人仍然愿意与客户保持联系。有趣的是，研究表明，大多数客户在第四次交流后都会转为真正的客户。

如果你有这样的想法，即一旦有人拒绝了你一两次，那就意味着你不可能做成这笔生意，那么你将处于非常不利的境地。

让我们来看一个实际案例。

我有一个好朋友，名叫格雷格·费舍尔（Greg Fisher）。他在金融服务业取得了极大的成功。有一天，我们谈到了我以前服务过的公司，他们聘请了一位新的人力资源副总裁，现在我们已经没有业务来往了。格雷格知道我要回到这个客户所在的纽约市，就建议我去拜访这家公司的 CEO。我不明白为什么他认为这是个好主意，因为我与这家公司没有续约。格雷格简单地说："和我关系最好的一些客户过去都曾解雇过我，但他们现在因为我不会轻易放弃而开始尊重我了。"

胜利从来都不是不可能的——看看报纸的体育版就知道了。每一天，在美国的每一个城市，在你可以拿到的一张报纸的体育版，你可以看到一些已经发生的、意想不到的事情。

最好的团队并非总能获胜，即使是全明星队也会有表现糟糕的时候，名不见经传的人也可以成为大明星。每个人都有一个感人的故事，讲述的是他们第一次做到了从来没有想过的事情。这就是人生的奇迹——第一次做到以前以为不可能的事。

在商业领域中，每天也会发生许多不可能的事情。我们只需要明白，这些事情不仅仅会发生在别人身上，也可能发生在我们自己身上！但首先我们必须相信，这个叫作“生命”的疯狂奇迹包括我们每一个人。

记住：恐惧才是你的敌人。只要你克服了恐惧，没有人会比你做得更好或更快。

芭芭拉的期望

2012 年 6 月，经过五个月的训练，芭芭拉怀着期望获胜的心态，参加了在俄勒冈州尤金市举行的普雷方丹大奖赛（Prefontaine Classic）的障碍跑比赛项目。比赛中，排名世界前七的女运动员中，有五个人同时站在了起跑线上。

在这场比赛之前，我们一直在努力让芭芭拉冒着出局的风险，让她建立起想要获得奖牌的期望。在比赛前的最后一次训练上，我建议她把自己看作一支蜡烛。比赛开始时，你就点燃蜡烛。你的目标就是把蜡烛一直燃烧下去，直到它开始闪烁为止。

最后，冒着蜡烛熄灭的风险，跑过终点线。

这是真的——大多数长跑运动员都不想在比赛中死去。但是，要赢得一场比赛就必须甘愿在比赛中死去。这样做的目的就是为了毫无保留地牺牲一切，这就是“飞起来”的意义所在。你必须离开安全的地面，甘冒粉身碎骨的风险。

关键点

如果你想飞翔，就必须甘冒坠毁的风险。

在这次谈话之前的几周，芭芭拉曾去中国参加比赛，但她在比赛开始时就没有坚持自己的意愿，她无法承担最终的风险。这是她本赛季的第一场障碍跑比赛，她还没有足够的信心。

今天的情况大不一样了。

这场比赛从一开始就很奇怪。先是发令枪出故障无法正常工作。运动员们在起跑线上就位，但发令枪误响了，导致起跑就出了问题，于是她们退回到起跑线后各就各位。

起跑再次出现问题。

在第二次起跑出问题之后，从场内摄像机拍出来的录像可以看出，这些运动员们都从起跑线上后退了一步，等待第三次起跑。但是，芭芭拉却站在每个人的前面。

虽然她没有意识到这一点，但她已经表明了自己的信心。她觉得自己应该站在最前面，应该和世界上最好的选手一起跑在赛道上。在比赛开始之前，她就在其他选手的前面了。

芭芭拉和领跑的人一起出发了，在整个比赛中始终处于领先地位。比赛结果是获得了第四名，并创下了英国的新纪录，比前纪录快了五秒，同时这也是她个人的最好成绩。

在接下来的几个星期里，我们见面并重温了比赛录像。我告诉她，在比赛开始前，她就站在其他运动员之前了。芭芭拉根本不知道她在比赛开始之前就已经表明了自己的信心。

这就是无意识思维——期望的力量。

7

自我成功的错觉

时势造英雄，角色球员造球星。

约翰·伍登（John Wooden）

我不相信所谓的个人表现。在你对这个观点感到不满之前，我很清楚在这片崇尚自由和勇敢的土地上，我的观点并不是一种流行的观点。但是，简单来说，无论如何，从来没有人完全依靠他自己的力量就能完成任何事情。

当然，还有一种自我成功的错觉，那就是一个人在孩童时期就开始送报纸，在上高中的时候，他就进了当地的超市去卖东西。接下来，上大学的时候，他通过白天工作和晚上上学这种半工半读的方式完成了自己的学业。大学毕业后，他进入一家大公司工作。几年之后，他学会了工作技能，培养了出色的职业道德。然后，他创办了自己的公司。20 年后，他取得了巨大的成功，非常富有，拥有一家大公司和强大的自我意志。

当被问起他是如何成功的时候，他讲述了这样一个故事：没有人给他任何帮助，以及他是如何边打两份工边完成学业的。这种老生常谈我们都听过无数遍了。

故事中从未告诉你的那部分是什么样的呢？

那个在他出生后帮助他活下来的人去哪儿了呢？那个关心他并教他如何阅读的优秀小学老师去哪儿了呢？还有那个帮他找到送报纸工作的邻居又去哪儿了呢？

不为人知的故事总是最有趣的。

我们都喜欢看一部精彩的牛仔电影。通常，当看到弱者击败了强者时，我们总是为他欢呼。但是，我们要知道，一个人之所以成功是因为他们有一个团队在帮助他前进。

总有一天，我们都需要一些帮助才能成就伟大。

关键点

没有人能独立完成任何事情，也没有所谓的个人表现这样的东西。

支持性环境的重要性

人们之所以成功，主要是因为他们天生就有一些天赋。这些人发现在自己所处的环境中，有人在培养他们的才能，在鼓励他们，然后给他们机会展示自己的才能。

这些年来，我与一些大学生运动员举行了数百次的会议。他们不停地告诉我，他们在高中阶段表现得如何出色，但是现在到了大学，事情就不那么顺利了。

这种趋势一开始出现，我就很快意识到，如果我要帮助这些运动员，我就要把他们同时集中到一个会议室里，因为他们都有着同样的经历。

我发现，这些苦苦挣扎的运动员都有一个共同之处，那就是他们在高中都有一个强大的支持环境，但在大学期间，他们并没能重新创造出这种积极的环境。他们要么未能与教练建立起良好的关系，要么与队友们发生了冲突。

当我把他们聚在一起时，不需要花太多时间让他们开口说话。如果队员们深陷在苦苦挣扎中，我会先问他们，为什么认为自己表现不好。当第一个人说完之后，其他人都会迫不及待地想一吐为快。

那些成功的团队比那些陷于苦苦挣扎中的团队更容易进入比赛状态。我会问那些优秀的团队，他们认为自己能发挥得有多好。

“你们都能赢得区赛冠军吗？”“你能赢得全国比赛冠军吗？”

然后我会问他们，如果他们没有赢得全国总冠军，那到底是什么阻止了他们的冠军之路呢？在表现较好的团队中，问题通常都很清晰，并且都紧紧围绕着保持注意力、训练强度以及进入季后赛所需要的良好态度等方面。

表现不佳的团队遇到的问题几乎总是，队员与教练（或教练组成员）之间存在严重的矛盾，或者团队离心离德，队里拉帮结派。一些队员不愿意互相交谈，但在表现不佳后，就开始相互指责了。

总是别人的错，到处可见愤怒和沮丧。有时候，和这些表现不佳的团队坐在房间里，压力非常大。然而，一旦运动员能够倾诉和分享他们的愤怒和受到的伤害，而不是互相指责，情况就会大为改善，比赛表现很快就会反弹。

我认为提高这些运动员技能比较可行的模式是，每个人要融进团队一起工作。这一模式如同为公司客户专门制订一个杰出的领导力发展计划。

当时，当地报纸的一位体育记者听说我和整个团队在一起工作，打电话来要采访我们。在采访中，我和他分享了“团队”的概念——真正成为一个统一联结的团体，这在体育运动中是非常罕见的。只有在态度认真和纪律严明的基础上才能形成真正的团队。

我跟他解释说，如果运动员不认识团队中的其他人，或者不信任对方，他们就不可能团结在一起。此外，当他们确信没有队友的帮助，他们无法达成目标时，他们就会团结起来。

如果一个人认为他可以独自完成任务，那么他们就不会与别人合作。

团队建设过程

建立团队的过程有几个关键的步骤。如果缺失了其中的一个或多个，团队就永远不会正常工作，并且无法充分发挥其潜力。团队合作中有如下六个至关重要的步骤。

>> 第一步：招聘和选择合适的人

拥有一支出色团队的第一步就是选择那些有个人天赋、思想成熟，并且渴望成为团队一员的人。这些人必须愿意成为团队的一员，并且愿意接受团队的文化和价值观。

在体育上，这是一位教练（在商业领域，这是一位经理）所要发挥的作用。领导者必须对人才有敏锐的眼光，能够在候选人中挑选出合适的人。如果领导者在选拔人才的过程中失败了，就会失去成功的机会。

最近，我去了得克萨斯州的达拉斯市。在那里，我和一群副总裁级别的企业经理们一起参加了一个体验式的领导力培训项目。有一天，我们参观了圣飞利浦学院，这是一所位于达拉斯市最糟糕地区的私立学校。

学校的校园曾经破烂不堪。校长特里·弗劳尔斯（Terry Flowers）博士向我们讲述了他的领导风格，以及他是如何克服这些困难，在这样一个地方建立了一所高中毕业率 100% 的学校。这曾经被视作是一件不可能完成的任务。

我问弗劳尔斯博士，他在招聘新员工的过程中扮演了什么角色。他很快回答说，他面试了每一个来学校找工作的人。只有少数几次，当他出差不在的时候，有人在没有得到他批准的情况下就被雇用了。他补充说，他通常在前 10 分钟内就能知道一个人是否符合他们学校的文化。

然后，我接着问，他在这些求职者当中最看重什么。他毫不犹豫地说，必须是热爱孩子的人才能加入他的团队，“如果你不爱孩子，你就不能好好地教他们。”他要找到那些热爱孩子的教师和工作人员，这是他的首要目标。随后，正常的教学活动就可以自动开展了。

>> 第二步：建立强大的友谊

一旦你选择了你的团队，团队中的每个人都必须以一种相当亲密的方式互相了解，这通常是通过分享生活经历来完成的。

他们必须知道对方的痛苦和失望，他们必须表现出内心的脆弱，并冒着被拒绝的风险来展示出真实的自我。如果队友只分享他们的成功和成就，就永远建立不起信任。不承担被拒绝的风险和表现出内心的脆弱就无法获得信任。

我喜欢和那些试图加强团结的团队在一起做的一件事，就是问他们中的每一个人，在团队中谁是他们最好的朋友，以及为什么。同时，我也会问他们，他们觉得和谁不亲近，为什么。对于那些在团队中没有朋友的孩子来说，原因通常是他没有花太多时间与他人在一起，或者认为他和其他人之间没有太多的共同之处。

另一个我觉得有帮助的训练，就是让运动员们分享他们的家庭故事，包括他们的父母和兄弟姐妹的具体生活情况。最后的训练是让每位运动员分享自己一生中最美好和最糟糕的日子。这个训练通常会伴随着惊喜和泪水。

>> 第三步：创建一个共同的信念系统

每个人都必须在团队的规则或使命上达成一致。规则和使命包括那些永久期待的目标和日常的工作纪律。

在一个成功的团队中，通常拥有一个共同的口号或一致的信念，团队中的每个人都认为这是真实可信的。这是最优先，也是最重要的一件事情。

当我和图比・史密斯以及佐治亚大学的男子篮球队一起工作时，他们会围在一起，把手放在中间，大喊一声“加油”。图比认为，全力以赴是球队成功的关键。肖娜・埃斯蒂斯－泰勒和阿肯色州大学女子高尔夫球队的口号是“全力以赴”。他们认为，只要专注于你能做的事情和目标，你就能百分百地达到目标，这是非常重要的。

当一个团队建立起共同的信念体系，最主要的规则应该是希望团队成员能做出并遵守他们的承诺。违背诺言是一种严重的冒犯，是不能容忍的。我听到的最常见的团队承诺之一是“说到做到”。无论这意味着准时出场，还是告诉别人他们可以指望你，你必须确保遵守承诺。说实话和信守诺言是至关重要的，在你开始比赛之前，这些理念必须在赛季初期就被引入团队中。

运动员在赛季初期就会知道，当比赛形势变得艰难时，他们将能够依靠哪些队员。相互信任实际上是一个人在几天、几周和几个月时间内说出或做到的许多小事的总和。在你最需要他们的时候，这些事情就能表明谁是团队中你最值得信赖的人，比如说，开会迟到、不做功课或不参加训练。

专业机构也应如此，但不幸的是，当今情况似乎并非如此。

在我咨询过的大多数机构中，竞争不是来自提供相同产品或服务的其他公司；相反，竞争来自机构内部。那些被认为是同事的人，那些为同一个目标而工作的人实际上却在有策略地陷害自己的团队成员。他们在争夺领导的赏识、金钱和晋升机会。他们会考虑别人的表现，以及他们需要如何定位自己，怎样才能比团队中的其他人表现得更好。

当机构不能团结一致（大多数机构没有做到）时，它们就会相互竞争。这是在浪费时间、精力，最终浪费的还有财务资源。对我来说，这是一个很痛苦的观察。

大多数公司都会对员工说："希望你们能作为一个团队在一起工作。"因为它们明白，当员工相互合作和鼓励时，团队的生产效率就会上升。当公司因员工的独立自私、不合作而奖励他们时，问题就出现了。大多数机构仍然相信个人天赋的影响力。它们花更多的时间和金钱去寻找和雇用有才华的个人，而不是花在让一群人有效地工作上。这个问题在职业体育运动中尤为明显。大部分评论都是关于某个特定队员的个人能力，而不是这个运动员对队友发挥的影响力。

最后，大多数人会继续从事公司所奖励的行为，而不是为公司所宣称的使命宣言而努力奋斗。

>> 第四步：互不伤害的斗争

冲突是不可避免的，避免冲突只会造成更多的冲突。试图"表现和谐"的团队通常并不是很成功。队员们必须学会对抗和管理冲突，而不使冲突具有破坏性——你可以通过真诚的沟通来实现这一点。

任何人都可以表现出真诚，而不是刻薄伤人。当然，真诚会让别人感到不舒服，但这不是你的意图。你的意图在沟通和建立关系中是至关重要的。你要知道你的真诚是为了改善你和队友的关系，而不是要让别人感到不舒服。

让我们来看看一些现实生活中的例子。

当我和男队一起工作时，我经常请他们谈谈他们是如何和兄弟们在一起长大的，以及他们在打架时的意图。我经常听到的是，把兄弟打疼了没什么，但是不能有伤害他们的意图。受伤会对别人造成伤害。疼痛不会造成伤害，而且疼痛通常是暂时性的。

当我和女队一起工作时，我们会问她们是如何和姐妹们争执的。我在这些谈话中听到的，和我从男队听到的差不多：如果你伤害了她的感情，你事后必须道歉。

这些例子证明了什么呢?

真相就是，以一种伤人或不伤人的方式与别人斗争，但最终的结果取决于你的意图。

>> 第五步：培养坚强的领导者

一个成功的团队必须有它们所期望的领导者。是的，教练必须是一个有能力的领导者，运动员中也必须有领导者。不能从团队内部培养领导者的教练永远不会成功。

不幸的是，大多数机构，无论是体育团队还是商业组织，都没有有效的领导力。有些人担任领导职务，但他们实际上并没有领导或激励别人充分发挥出自己的潜力；相反，他们倾向于指挥围绕在他周围的下属。

据我观察，最差的领导者通常是位于机构中最高级别的人。一般来说，最好的领导者来自 CEO 以下的两个层级的管理人员。为什么会这样呢？因为高层领导经常疏于联系基层。他们不了解基层员工，基层员工也不了解他们。因为他们所处的地位，他们错误地认为自己是机构中最好的领导者，而实际上并非如此。

>> 第六步：明确定义团队目标

成功是由一个团队的目标来明确定义的。在团队中，任何个体的行为都是不被容许的。团队成员必须牺牲自我，才能使团队脱颖而出。

令我惊讶的是，教练们通常重视团队一整年取得的成就，却在年底举行颁奖宴会时，花两个小时颁发个人奖杯，比如“最有价值运动员”（MVP）和“最佳进步奖”等。他们认为，这是在鼓励和促进队员们在未来取得更大的成功。实际上，这并没有什么效果。

商界领袖也会犯同样的错误。他们也宣扬作为一个团队工作和实现团队目标的好处，但是他们却在颁发员工的月度奖金。

最好的领导者能创造一种文化。在这种文化中，他们的目标和奖励不是针对个人，或者说没有人能仅凭自己实现目标和获得个人奖励。一旦你创造了一个让胜利者和失败者共存的环境，你就永远不会拥有真正的团队。要不每个人都必须赢，要不就是没有人会赢。谁也不会例外。

20 年前，美国的体育文化更重视运动衫正面的球队名字，而不是背面的球员名字。事实上，曾经有一段时间，球衣背面是没有印名字的。

1929 年，洋基队第一次把数字号码印在了棒球服上。此后，这些数字号码就成了运动服上永远不可分割的一部分。数字是按阵容的顺序分配的［比如说，贝贝·鲁思（Babe Ruth）是 3 号，因为他是第三位击球手；卢·格里克（Lou Gehrig）是 4 号，因为他是第四位击球手，以此类推］。这位队员主要被视为该团队中的一名成员，他的价值只有在能够帮助他所属的团队获胜的基础上才能体现出来。

在 20 世纪六七十年代，我们的社会思想发生了转变。曾经是“重视我们”的社会变成了“重视我”的社会。个人的自尊运动开始重视个人价值。它不再关注你对团队贡献了多少，而是把注意力转移到了个人的自我价值和个性上。最近，我听说 NBA 的一位资深球员说现在 NBA 是一个“个性化联盟”。他还认为联盟应该提升球员价值，而不是球队价值。大多数球迷都是来看某位球员的表现，而不是来欣赏一支球队的表现的，这让我很难过。

今天，我们更看重球衣背面的球员名字，而不是前面的球队名字，这对实现球队的整体目标来说是一个高昂的代价。2012 年，NBA 估计当年的球衣销售额将超过一亿美元，而 30 支球队中还有 22 支队伍在亏本。那统计数字告诉了你什么呢？如果有人告诉你，有 73% 的特许经营者亏本了，你还会投资吗？

这种商业模式怎么可能成功呢？因为今天 NBA 推广的是单个球员，而不是整支球队。

50 年前，球迷们为了一支球队加油。如果一名球员离开了那支球队，孩子们就不再支持那名球员了。今天，这种现象反而变得罕见了；相反，孩子们都有他们最喜欢的球员，而没有喜欢的球队。这样做破坏了团队的价值，形成了我们现在所谓的英雄崇拜文化。球员们把大众注意力吸引到了自己身上，他们会更多地庆祝自己的个人成就；相较而言，球队的胜利就退居其次了。

当焦点集中在个人身上时，运动员们就不再像一个团队那样去打球了。你根本不可能一边声称团队是最重要的，又一边去激励个人表现，表明个人比他们的团队更有价值。

为了取得成功，必须有一个统一的目标。我们要不一起赢，要不就一起输。只要我们大家能相互效力，我们就会赢得越来越多。

第二部分

成功的思维模式

How the Mind
Fails Us

8

失败的价值：只有失败才能让你变得更好

你有敌人？很好。这意味着你已经为某件事挺身而出了。

温斯顿·丘吉尔

当我刚开始成为运动心理学家的时候，我已经成家，还有了两个孩子。我需要挣点外快来养家。

有一所小型的私立文理学院，其主校区距离雅典市约 50 英里。这所学院决定在几英里外开设一个附属学校，所以我利用这个机会在那里教授一门心理学入门课，可以多赚点钱。

经过 10 年的大学学习，而且获得了三个学位，我认为自己应该能够为学生们创造一个有趣和有教育意义的学习体验，但这比我想象的要难得多。

我从来不喜欢那些试图欺骗学生或在学生面前要小聪明的老师，所以我在教学上采取了非常直截了当的教学方法。从星期一到星期四，我按照教科书上的材料讲课，每周五我都要复习和进行一次测验。测验中的每一个问题都包含在那周的课堂教学和我当天的复习课内容中。在星期五这一天，当最后一个学生完成测验时，学生们会给他们自己打个分。他们马上就能知道自己考得怎么样了。我这样做有两个原因：第一，研究表明即时反馈可以提高学习能力；第二，我讨厌评阅论文。

这门课程唯一的其他评分要求是一篇 10 页纸的研究论文。学生们可以选择自己感兴趣的心理学课题，也可以研究任何与心理学相关的课题。

第一天，我和全班同学一起学习了教学大纲。教学大纲明确指出，论文必须在到期日那天的课堂上交上来。大纲还强调了，迟交的论文将不被接受，不管学生的论文因何种原因迟交，他们都将得到零分。

我向全班同学解释，我的工作就是要让他们为走出校园，进入社会做好准备。总有一天，他们（希望如此）都会有一份工作，或者为一个老板服务。他会给他们分配任务，并确定任务完成的最后期限。如果他们不遵守最后期限，就会造成严重后果，包括被解雇的可能。

我想让他们明白，我之所以如此固执，不是因为我刻薄，而是因为我希望他们做好闯荡社会的准备。最后，我对他们说，他们中至少有一个人会不遵守最后期限，而且当我不豁免他的时候，他会很生气。

果然，在交论文的那天，一个学生在上课开始时没有出现。在还剩下几分钟要下课的时候，他坐在了自己的座位上。下课后，他走过来对我说，他花了很多时间完成论文，但是他的打印机坏了，所以他不得不开车到一个复印中心去打印论文。他把论文交给我，向我道歉说：很抱歉迟交了。

“我也很抱歉，”我说，“这篇论文占总成绩的 30%，不幸的是，你的论文将得不到任何分数。”

他简直不敢相信我会不接受他的论文。他不能理解为什么我要把事情闹得这么大。他还说，如果我想因论文迟交而扣减一些分数的话，他也是会同意的。

他的解释被我置若罔闻。我建议他去找系主任。

第二天，系主任让我在上课前去他的办公室一趟。我照他的吩咐去了，他非常礼貌地对我解释，为什么我的决定不是一个好主意，如果我接受了那个学生的论文，对每个人都有好处。

我坚持我的立场，并认为我们实际上是在帮助学生了解最后期限的重要性和提前计划工作的价值。经过几分钟讨论后，我们仍然相持不下。

我建议系主任，如果他不喜欢我的决定的话，很简单，他可以推翻它。在我交上这学期学生的成绩后，他可以更改成绩。他让我给这篇论文打分，并把分数和最后成绩一起提交给他。

我给那个学生的论文打了 80 分，其实写得挺不错的。但是，我给了他的最后成绩打了一个零分。

我后来得知，系主任参考了我给的 80 分，并因为迟交论文而减了 10 分，然后根据这篇论文的得分给了这个学生学分。接下来的一个学期里，我被要求回到学校再教另一门课。系主任告诉我，学生们对我的评价很好，学生们真的很喜欢我，可是我谢绝了。如果你不能教学生们最重要的东西，当一名教师还有什么用？

要求他们做到最好，追究他们的责任，不接受他们的借口，让他们做该做的事情，这不是一种野蛮的行为——这是爱的行为。如果你真的关心别人，当事情变得困难时，你指出他们的问题，你就会冒着他们对你生气的风险。

最好的经理和教练会对他们的员工和队员提出挑战，把他们逼到极限，他们创造了一种压力环境，所以当困难时刻来临时，他们会做好准备。

没有失败就不会有成功，彩虹总在风雨后。在我的生命中，那些成功的人也都经历了不少失败。那些避免失败或试图帮助别人避免失败的人实际上阻碍了他们的进步。

我相信，当谈到那个没有按时交论文的学生时，我们的确失责了。为什么呢？因为我们不允许他失败，并让他从经验中吸取教训。想象一下，他参加工作后，也可能会不按时完成任务，因为他从来没有从失败的痛苦中吸取教训。

我有一个好朋友，多年来一直在大学教书。他最近告诉我，学生的父母经常打电话给他，讨论他们孩子的成绩。他说，在他刚开始教书时，他从来没有接到过父母的电话。然而现在，这是一个经常发生的事情，父母通常会要求他为孩子们给一个特殊的豁免。毕竟，在孩子一生中，家长们都在做这样的事情。

失败本身并不是一件坏事，但是一次又一次地重复同样的错误就是一场悲剧。人生中很少有一段时间不能从失败中恢复过来。但是，不断地重复失败是无法恢复的。人们连续失败的原因之一，在于他们不愿意看到第一次失败的价值，或者从第一次失败中吸取教训。

打高尔夫球就是一个很好的例子。职业高尔夫球手的第一次击球通常会很差，但他们几乎总是用一个很差的击球来帮助他们重新集中注意力，在下一次击球时变得更小心。因此，他们很少连续两次打出糟糕的击球。

另一方面，业余高尔夫球手对击球不佳的反应往往不同。他们会变得愤怒，失去了专注于手头任务的能力，而且他们更可能出现连续击球不佳的情况——这是一个几乎不可能恢复的错误。

有一个很好的故事揭示了成功和失败之间的相互关联。故事的主角是美国历史上最佳运动员之一——迈克尔·乔丹。迈克尔·乔丹曾经是北卡罗来纳州威尔明顿兰尼高中的一名10年级学生，当时他没能进入学校的篮球队。

迈克尔当时的身高只有5英尺11英寸[①]，没有达到进入校队的身高。更糟糕的是，一位与他同在10年级的朋友——个子更高，表现更好——加入了校队。这一失败对迈克尔来说是莫大的耻辱，促使他更加努力训练，避免这样的失败再次发生。

正是在这段时间里，迈克尔发展出了一个适用于所有体育项目的运动精神。他能够利用这次失败的经历，在未来的岁月里不断激励自己。用迈克尔自己的话说就是："这一切都是从赫林教练'砍掉'我的时候开始的。这件事给我灌输了一些价值观，对我来说是一次深刻的教训。"

人们不禁想知道，如果教练决定录取乔丹，让他和他的朋友一起继续前进，那会发生什么呢？给孩子一点同情心是没有坏处的，对吧？可是，经历成功而不是失败对迈克尔来说可能是一个诅咒，如果他在10年级的时候进入了校队，那我们可能就不会见到这位历史上最伟大的篮球运动员之一了。

你知道那个取代迈克尔·乔丹进入校队的10年级同学是谁吗？他的名字叫哈维斯特·勒罗伊·史密斯（Harvest Leroy Smith）。

迈克尔非常感激他从史密斯和赫林教练那里学到的教训，所以他经常在酒店登记的时候用"勒罗伊·史密斯"这个名字，以免别人知道他的行踪。

① 5英尺11英寸约等于1.80米。——译者注

不过，也不要为史密斯先生感到难过。尽管他并不广为人知，但他还是拿着篮球奖学金去了北卡罗来纳大学，并在海外打了一些职业球赛。史密斯后来成了一名成功的商人。如果他知道自己在我们这个时代最伟大的运动员的职业生涯发展中发挥了如此关键的作用，他将会永远感到欣慰。

我们通常认为可以通过避免失败而获得成功。这不是真的，因为成功的人也会失败！每个人都会失败，成功正是由你对失败的回应来决定的。

当事情不按你预期的方向发展时，这些挑战或生活中的“失败”都会提供非常丰富的信息。它们能帮助我们更好地认识自己。

不仅你无法避免失败，而且你也需要失败才能变得更好。当你失败的时候，你要积极地拥抱失败，并正确地吸取教训。

9

关于完美的诅咒：无论好坏都要接受

在你所处的位置，用你所有的资源，做你力所能及的事。

泰迪·罗斯福（Teddy Roosevelt）

大多数精英运动员——从高尔夫球手、体操运动员到壁球手和棒球手，都倾向于非常专注、自律和完美主义。他们相信，对“完美”的追求最终会让他们表现得更好。不幸的是，这并不总是正确的。很多时候，对完美的执着追求实际上会阻碍我们的表现。当我们试图做到完美时，是在假设成功就等于不犯任何错误；而事实上，成功正是你对所犯错误的回应。往往完美主义者对逆境或失败的反应并不好。他们的信念是“如果我做得对，就不会有失败或痛苦”。正如我们在前一章中提到的，失败和痛苦是推动改变的巨大动力。嗯，失败、痛苦和尴尬也可以加入其中，因为它们都会引导我们去改变。记住，改变总是会推动进步的。

如果你不明白失败是成功必经之路的话，那就会导致更多的失败，而不是完美。也许，最好的、最简单的方法就是：就算你跌倒了 100 次，也要爬起来 101 次。

好与坏都要接受

我们必须接受这样的事实，那就是我们总会有表现糟糕的那一天。当我和精英运动员们交谈时，我问他们："如果你是世界上最好的运动员，你多久会遇到糟糕的一天？"令人惊讶的是，许多优秀的运动员认为他们的表现水准应该达到这样的高度：他们不会再有任何糟糕的日子（或失败）。但在现实中，最优秀的和最具有自我意识的运动员仍会说，在一个月 30 天的时间里，他们总会碰到三到六个糟糕的日子。他们明白，碰到糟糕的一天只是运动生涯的一部分。接受这个事实使运动员能够继续充分参与训练，并保持高目标和高水准。同样，如果不能理解失败的意义，最终会导致你变得气馁和缺乏动力，你的表现也会因此而下降。

在你表现出色的那一天里，你的成功并不能决定你的性格。真正的考验是你如何去度过那糟糕的一天。对我来说，看到一个和我一起工作的运动员如何度过那糟糕的一天总是有益的，因为这是一个人的竞争能力最真实的衡量标准。他们是否会变得对自己比对别人更挑剔，从而使糟糕的一天变得更糟呢？他们会为自己感到难过吗？他们会找借口退场吗？为了让你发挥自己的潜力，你必须知道如何应对糟糕的表现。这是一个重要的信息，没有它，你就无法继续前进。

如果追求完美不是目标，那什么才是目标呢？答案很简单，就是尽你最大的努力，全力以赴。每一天都要让这个目标成为你训练的意图，要尽你最大的努力去拥抱每一天。正如我早些时候说的那样，在你的训练日记中，每天给自己一个评分，标记上W（win，赢）或L（lose，输）。如果你那天全力以赴了，就会得到一个W。如果你没有尽力而为，就只能得到一个L。目标是一个月内得到的L在六个以内。永远也不要有两个连续的L。度过糟糕的一天是没问题的，但你必须让自己尽快恢复，回到正轨上。记住：你的目标不是追求完美，而是要尽你最大的努力，全力以赴地从失败中迅速恢复过来。

什么是完美

完美是一个数学概念，而不是人类社会的概念。那些真正达到完美的人，或者等同于完美的人，当他们真的达到“完美”的那一刻，可能并不是在努力追求完美。

体操运动员和长跑运动员在心理上有很多共同之处，因为他们都倾向于强迫自己去追求完美。20世纪90年代，我与一支顶尖的大学体操队一起进行了一次训练。我与年轻的运动员们分享了娜迪亚·科马内奇（Nadia Comaneci）在1976年奥运会期间的“完美”表现，就是她获得了10.0分的故事。罗马尼亚代表队成员娜迪亚在1976年蒙特利尔奥运会上赢得了三枚金牌，并第一次获得

10.0 分的满分。14 岁时，她在高低杠项目上得了 10.0 分。因为当时大家都认为不可能达到完美的 10.0 分，所以记分板的得分不会超过 9.9 分。为了表示她的分数，评分官们不得不把她的分数标记为 1.0。一开始，观众们都很困惑，但很快他们就发现，实际上她获得了一个完美的 10.0 分。娜迪亚在她的奥运生涯中还获得了六个完美的 10.0 分。

与我一起工作的大多数体操运动员都熟悉这个故事，但他们要么当时还没有出生，要么在 1976 年奥运会期间还是婴儿。在她们那个时代，完美的 10.0 分在大学体操比赛中是相当普遍的，而且在她们的职业生涯中，团队中的大多数运动员都获得过 10.0 分。佐治亚大学队里的一名运动员凯伦·利奇（Karen Lichey）被认为是当时大学里最好的体操运动员之一，至今她仍是最好的体操运动员之一。

我讲到娜迪亚·科马内奇故事的目的是想阐述两个概念，就是完美和不可能。我认为“完美”和“不可能”如影随形，但现在完美（得分 10.0）在大学体操中被普遍认为是可能的。“下一个不可能发生的事情是什么？”我问。我们讨论了一个团队如何才能获得 200 分，这是一个团队在比赛中能获得的最高分，目前为止还没有任何一支团队曾经得到过 200 分。此外，还没有一个人在大学体育比赛中得到过 40 分（在所有四个项目上全都获得完美的 10.0 分）。大多数运动员相信最终会有人拿到 40 分，其中有一些人已经很接近了。就在那一年晚些时候，凯伦·利奇做到了这件不可能的事，在一次比赛中获得了完美的 40 分。当她和我在一次会议上讨论这个问题时，她告诉我，她早已意识到获得 40 分是可能的，而且她也有能力做到这一点。凯伦还跟我分享了沃尔特·迪士尼的一句话，也是我们共同的朋友柯克·史密斯（Kirk Smith）告诉她的这句话。迪士尼是这样说的："我最大的乐趣就是去做那些不可能的事情。"

自从凯伦·利奇在女子大学体操比赛中获得了第一个完美成绩以来，已经过去了 16 个年头了。在这本书出版的时候，还没有人能与她媲美。许多人确实尝试过，但都运气不佳失败了。如果一个体操运动员想获得下一个 40 分，你最好建议她："不要试图做到完美。尽你最大的能力，全力以赴做好比赛的规定动作。让评委们去考虑分数吧。"

很多年前，我的一个艺术家客户——她是一位才华横溢的年轻诗人和画家，但她感到非常沮丧，因为她进入了一个失落期，无法创作出任何她觉得有价值的东西。

在讨论她的问题时，我们意识到，阻碍她进步的主要问题，是因为她相信，为了能做得最好，一切都必须做得完美，但是事情并非如她所愿。

她认为完美的创作首先需要一个完美的环境。我问她，是不是只有在她认为每件事都必须达到完美无缺的时候，才能让她安静下来，坐下来写作。我建议她放弃对完美的追求，而是在当下的环境中进行创作。

她同意每天都在特定的时间里写作，不管写的是什么，然后看看到底会发生什么。下面是她在我们下一次见面时，带来的诗句：

不要等待一个邀请、一个理想的时间、一个完美的境遇。

不管有没有你，你身边都会发生这样的事。

所以，做那些让你内心有感动的事情。

别等到你有空的时候再去做，现在就去做。

10

思维的眼睛：专注力

唯一比失明更糟糕的是视而不见。

海伦·凯勒

专注这个词用得很多，而且很多人都告诉别人要集中注意力，但他们并不真正理解其中的意思。

你们可以去任何一个小联盟杯比赛上看看。每隔几分钟，一些大人就会大喊：“嗨，伙计们，你们要集中精神！”孩子们都不知道他们在说什么，甚至连大人们自己也不知道。

在商业领域中，我们经常会听到人们说那些表现不佳的人是缺乏或失去了专注力。我们听到过这样的说法：“这家伙到处乱跑。他没有专注。”

专注实际上是一个视觉概念。这和你是什么或者应该看什么有关。它也是一个现在时的概念。你的目光聚焦在哪里，对你的表现来说至关重要。

在商业领域和生活中，专注力更多的是一个人在大脑中所拥有的形象（如果你同意这种说法），它就是思维的眼睛。许多精神练习或冥想训练要求人们在很长一段时间内集中注意力或观看一个图像或标志。这会导致你身体内部状态的改变，或者说至少有改变的意图。

同样地，看一幅美丽的图画或一件艺术品是一种带有特定意图的专注行为。神奇的是，当你看到某些东西时，你所看到的就会发生变化。虽然物体本身没有变化，但你看到的东西确实改变了。当你把专注力保持在某个事物上时，你所能看到的东西就会扩展开来，变得更加复杂。

受过训练的观察者能看到未经训练的观察者所看不到的东西。是不是很神奇——两个人看着同一件事物，看到的却是两件不同的东西，或者一个人什么都看不到。

有一个很好的例子来解释这个现象，就是某一领域中的专家所具备的能力。比方说，你是一个非常好的高尔夫球手，要想打进高尔夫球决赛，就要经过 12 场艰苦的比赛角逐。你的教练是本地很棒的职业高尔夫球手，但他已经尽可能帮你达到最好水平了。他知道你仍然不满意在比赛中的表现，就建议你去见一位大师。这位大师指导过好几个参加巡回赛的职业选手。于是，你收拾好球杆，就去找这位优秀的高尔夫球大师。

到了大师那里后，大师叫你先热身，因为他想先看你打一些球。在你开始击球之前，他设置了五个摄像头：一个在前面，一个在后面，一个在你的右边，一个在你的左边，还有一个在头顶上，覆盖了每一个角度。你用不同的球杆打了几个球，大师说：“好了。我们去看录像吧。”

大师先用正常速度播放录像，然后评论说，你的手腕在球杆挥到最高点时弯曲了。当你以正常的速度看录像时，你看不到大师所看到的情况。他知道这一点，所以他放慢了速度来播放，果然，就是他说的那样。在球杆挥动到顶端的时候，你的手腕弯曲了，球杆下落，造成了挥杆上的缺陷。他还从其他几个角度向你展示出问题所在，直到你确信你也能看到他所看到的东西。

经过视频分析之后，你会觉得很奇怪，为什么别人没有注意到这个问题。和你一起打球的人也都很棒，而你的教练也是个不错的职业高尔夫球手。为什么就没有人发现这个问题呢？事实上，他们当时在看你打球，但都没有看到问题。你必须训练你的眼睛，学会集中注意力，看到这些问题。

看什么

如果你不知道该看什么，那么即使看到它也对你没有什么帮助。一旦高尔夫球手掌握了这个挥杆动作，专注力就应该保持在外部。所谓的“外部”，我指的是高尔夫球手应该训练自己去看什么。

当我和高尔夫球手一起工作时，我会让他们站在球台上，手里拿着一根球杆，去寻找一个定向目标。这个目标通常会是一棵树，或者是高尔夫球手瞄准的远处的某个物体。在确定目标后，我要求他们想象出球向这个目标移动的轨迹。高尔夫球手在尝试击球前要能“看”到球的飞行情况，这是非常必要的。如果你无法想象出这种场景，那么你很可能无法打好球。这个使用定向目标的方法，对于所有运用全挥杆动作的击球来说都是正确的。

在某种程度上，这取决于高尔夫球手的能力，他们的目标是把球打向球洞，然后进入球洞。为了实现这一点，必须要改变专注点和目标。有一次，他们离球洞还有 100 码[①]远，能看到绿色的草地和旗杆，我就问他们：“要把球打进洞里，球的落点最好在哪里？”

令我惊讶的是，大多数人都没有从 100 码到 125 码的距离来考虑这个问题。但是，当你开始尝试把球打进洞时，关注点或目标就会改变。具体来说，高尔夫球手需要在球场的草地上找到一个位置，同时要明白如果球击中了那个位置，那么球就会进入球洞中。

为了不犯错，我不鼓励高尔夫球手把球击到那个位置的附近。我希望他们能恰好击中这个点。如果他们认为这是不可能的，那么他们就无法做到。大多数优秀的高尔夫球手感到惊讶的是，一旦他们集中注意力在那个点上，就能把球击到非常接近它的位置，并最终击中这个点。

---

① 1 码≈ 0.9144 米。——译者注

观察一个人如何去做他认为不可能做到的事情是一件感觉很棒的事情。当高尔夫球手感受到专注于一个特定目标的魔力之后，他们的比赛就永远改变了。

训练专注力

专注力需要训练。人们通常只能理解它，实际上却没有人能教你如何训练它。我经常与运动员一起训练，让他们把专注力看作一道手电筒的光束。你可以把光圈调节得非常大，也可以使它聚焦在一个特定的物体上。扩散的光束是意识，而聚焦的光束就是他们意识的对象。他们必须调节并关注这个物体。很快，他们就重新调整了专注力。

当你学会了用眼睛关注物体之后，你就必须知道如何集中你的精力。在高尔夫运动中，人们称之为挥杆思维。

有很多关于挥杆思维的争论。就这一点而言，体育运动中的任何一种思维都存在争论。一个人可以很轻易地说，最好的状态就是有一个平静的头脑，没有思虑，也没有自我意识。我非常同意，但只有一小部分人能够将自己的思维训练到这个水平。

我们专注于某一个特定目标的能力对于体育和商业上的成功至关重要。一个人集中注意力的能力反过来会作用到身体上，从而获得体能上的专注，或者形成一种节奏。节奏也会受到精神的影响，在头脑快速运转和焦虑的精神状态下，就会产生一个快速或匆忙的节奏。

节奏在日常生活和体育运动中都非常重要。每个人都有一个节奏，让他们进入最放松和自然的状态，从而产生最好的结果。

在商业领域中，你也可以观察到同样的现象。当人们感到焦虑时，他们说话的节奏会变得更快，并且可能会尴尬地转来转去，或者走来走去。

我们的呼吸就是一个完美的节拍器，可以调出一致的节奏。我们生命的第一个动作就是吸气，而生命的最后一刻是呼气。另一个训练专注力的工具是我经常和运动员一起使用的呼吸训练法。我让他们闭上眼睛，听到说吸气的时候就吸气，然后听到说呼气的时候就呼气。花时间专注于这个简单的训练方法，创造一个稳定的节奏，然后让他们把它转化到生活和运动的其他方面。

步调也很关键，正确的专注会产生稳定的步调。我经常向我的客户建议，他们要开发出一种精神上的方法，帮助他们在思维上保持一致。我们继续举高尔夫球的例子，我宁愿让高尔夫球手在挥杆时自己数数，也不愿告诉他们说“慢慢来”或“放轻松”；相反，他应该在开始挥杆的时候数“一”，挥到一半的时候数“二”，挥到顶部的时候数“三”，往下挥的时候数“四”，击球的时候数“五”。形成这种节奏是非常好的方法，但是类似的方法对大多数高尔夫球手来说也是可行的。在这样练了几百次之后，大脑潜意识地就会被设定为这个节奏，并且会自动地重复它。如果运动员惊慌失措，失去了他的节奏，他可以返回去大声对自己喊出这个节奏，直到他对自己的节奏感到舒服为止。

首先专注于你的目标，然后再关注于你的意图。成功培训的一个重要环节就是真正理解为什么你要做这件事，如何去做，以及你正在做什么。专注力在这一过程中起着至关重要的作用。

11

关于 110% 付出的神话：最小努力法则

有三件事阻碍了我们前进的步伐：我必须做好；你一定要好好待我；这个世界一定很容易。

阿尔伯特·埃利斯（Albert Ellis）

这个世界上从来没有什么 110% 的努力，甚至连 100% 的努力也是非常罕见的。但 90% 的努力还是有的，这就可以保证能获得巨大的成功了。

我们大多数人都喜欢吹牛，让全世界知道我们的工作有多努力。

运动员会告诉我们他已经付出了 110% 的努力。商人会告诉我们他每周工作 80 个小时。我本应该被感动的，但我没有。我为他们感到遗憾。虽然努力很重要，但并不是最重要的事情。

你的表现结果最终会被记录下来，而这些结果将成为测量你的表现的指标。你不会因为抱怨、呻吟和加大难度而获得任何额外的加分。

虽然努力与表现之间存在着相关性，但这种相关性并不总是正面的。工作太努力或付出太多的努力实际上会降低表现水平。我知道很多训练过量的运动员和过度加班的管理者，他们会因为精疲力竭而表现不佳。他们付出了很大的努力，但表现却很差。这就是为什么我说，号称付出了 110% 的努力实际上没有什么值得吹嘘的地方。

每个人都必须找到他们理想的努力水平，也就是达到最佳表现的水平。我无法告诉你，你的努力水平是什么，但我向你保证，绝对不是 110%。

当我们谈论高水平表现时，要考虑以下三个因素：

1. 所付出的努力或能量；

2. 身体的状况（如你感到累了还是受伤了）；

3. 精神状态（你是冷静、专注、激动还是心烦意乱）。

这三个因素共同决定了你的表现水平。

110% 的问题

在我们的文化中，集中精力，专注于付出 110% 的努力，但实际上你付出的要多得多。有趣的是，当你和那些表现水平很高的人交谈时，他们经常说这很容易，有时也很轻松。他们并没有想要更加努力或付出更多的努力——他们的头脑是平静的，专注在一件事情上。正如我们所说，他们“进入状态”了。是的，他们在努力，但并没有与自己斗争，强迫自己——这是自然而然发生的，或者根本就没有发生。

通常，当你的努力水平在 80%~90% 之间时，你的身体会处于 90% 的状态，而你的大脑是平静的，你甚至可能根本感觉不到它的存在。这样才会产生高水平的表现。

原因如下。

在竞争中，你总会付出更大的努力，因为你的交感神经系统被唤醒了。肾上腺素注入血液中，在你没有意识到的情况下，身体在更投入工作，付出了更多的努力。这是一件很棒的事情，但当你在这个平衡过程中添加更多的努力时，情况就不是这样了。

在竞争环境中，更好的精神策略就是保持放松，在一开始的时候，把自己的状态调整到一定的高度，然后在需要的情况下再提高你的努力水平。研究表明，成功人士都是有意识地加上一定程度的焦虑。如果你已经获得成功了，并试图提升到下一个水准，给自己增加更多的压力可能不会有多大帮助。

不管你喜不喜欢，你都是一位自欺欺人的专家。毫无例外，我们大家都是如此。

大多数人都在努力和表现的水平上撒了谎，而他们的上司也很不幸地一起在说谎，试图表现得更友善。你所付出的是 100%——这绝对是你最大的努力了，这是你所能做到的一切。但是，人类很少能 100% 地投入到某种活动中去，而且即使他们这样做，他们很少能达到最佳表现。

我估计，当大多数人真的在努力的时候，他们也只付出了 70%~80% 的努力。因此，我们开始相信 80% 是我们所能达到的最大努力水平。在极少数情况下，一个人真的花了很长的时间，把努力水平提升到 90%，当他感受到最佳自我时，你可能会听到他说："我付出了 110% 的努力了。"

其实他根本就没有。每个人都只能付出 100% 的努力，大多数优秀的运动员和成功的商人每隔几周偶尔能达到一次 100% 的水平。如果你能定期保持在 80% 的努力水平上，你就已经非常成功了。

最小努力法则

在过去一年里，我开始与阿肯色州大学男子田径队合作。克里斯·布克南（Chris Bucknam）是该队的主教练，也是全国最好的教练之一。他诙谐而幽默，还有富有感染力的笑声。然而，他很明智，并且清楚自己的想法。

我想，一开始他对我的一些观点心存疑虑，尤其是这个"最小努力法则"。这条法则基本上是说，你可以获得一个高水平的表现，却不需要付出很大的努力。我注意到一件事，在与跑步和游泳运动员一起工作时，当他们没有尽最大的努力时，他们反而跑得（游得）更快。我们讨论了很多关于帮助运动员找到最佳努力水平，以达到最佳成绩的方法。在讨论了这个想法之后，过了几个月，我又回到校园里和团队一起工作。在那次会面中，克里斯告诉我，87 似乎是一个神奇的数字。他说，当他告诉运动员要达到 80% 的努力水平时，他发现这会产生最佳的表现。

一个真正的“100% 的表现水平”并不仅仅完全是体能所决定的。为了使我们的能力最大化，我们还必须处于最佳的心理状态。

这种情况最突出的地方在于，个人没有经历过努力付出或完全发挥自己能力的体验。事实上，在这样高水平的行为表现中，他可能会有不费吹灰之力的感觉。

阻力

很多时候，努力就是阻力。我相信，当我们接受并正确处理这种阻力，而不是试图改变或阻止它时，我们就真的处于最佳状态了。运用外力来抵抗这种阻力与利用它所产生的效果是完全不同的。

可以想象一下，我们在河里划独木舟的情况。你可以随波逐流，也可以逆流而行。我们中最优秀的人会思考如何逐流而行，而其余的人则会逆流抗争，然后吹嘘他们付出了 110% 的努力。

当我们谈论某人“进入状态”或处于“心流”状态——也就是说，进入与最高表现水平相关的精神状态时，我们指的是他没有与周围的阻力进行抗争，而是与这些阻力协调一致。

几年前，我在匹兹堡参加了脑部创伤治疗的会议。当时，匹兹堡企鹅队在城里有一场冰球比赛。我决定前往竞技场观赛，并且很幸运地得到了一个离赛场相当近的座位。

那天晚上，马里奥·勒米埃克斯（Mario Lemieux）参加了比赛，球迷们都很兴奋。马里奥·勒米埃克斯在其整个职业生涯中都伴有严重的健康问题，从而限制了他上场比赛的时间。前一年，他不得不放弃比赛，前途未卜。第二年，他正式宣布退役，直到1997年才重返赛场。

那天晚上我观察到的事情，是我一生中为数不多的、亲眼一睹的传奇。当勒米埃克斯接到冰球的时候，时间仿佛变慢了。没有人能像他那样移动。尽管看上去他的动作很慢，但他没有停止，仿佛正顺流而下，而其他人似乎都在疯狂地逆流而上。他在场上的表现看起来毫不费力。

这似乎只存在于传说中。当我们看到这样的人时，我们立刻就会知道，其中肯定有某些东西使他们与众不同。现在我们知道原因了。

追求完美带来的问题

我的许多客户都处于苦苦挣扎的状态中，因为他们想努力完美地完成一项任务。他们相信，“完美”是通往成功的唯一途径，而事实上，试图做到完美反而使你无法全力以赴。

当我和那些努力工作的人在一起时，我发现他们的表现水平比他们的正常能力要低。我通常建议他们在执行任务时要减轻自己的压力，甚至暗示他们要故意犯错误。当他们停止追求完美时，有意识的头脑就会放松下来，正常的能力自然而然浮出水面，通常这种状态的反应会提高你的表现水平。

对大多数人来说，意识到以少胜多是一个很大的惊喜。他们只是不敢相信这是真的，因为这与我们大多数人一生中所受的教育看似背道而驰。与其专注于百分比——这是主观的，而且很大程度上带有修辞和戏剧性成分——不如专注于尽力而为。

每天工作结束时，要问自己这个问题：“今天我尽力而为了吗？”

如果平心而论，你会发现你很少能给出肯定的答案。你也会意识到，你在星期一表现出来的水平可能和在星期二表现出来的完全不同。毕竟，我们是人，不是机器。有了这种意识，你会发现你的努力水平和表现会随着时间的推移而发生很大的改变。

总有那么几天，你能做的最好的事情就是起床穿衣。如果你去尝试的话，也会有几天不会犯错误，一切皆如你所愿，一切都是在最小努力的基础上得以实现。长期的成功就是学习如何认识这些差异，而不是在那些糟糕的日子里拼命挣扎。

糟糕的一天只是一天而已，不能代表整个生活。

关键点

无论你是谁，无论你有多成功，你都会遇到糟糕的一天。接受它，然后继续前进。

当你把注意力从追求完美转移到追求更好之后，扪心自问："我今天变好了吗？我是否朝着目标又迈进了一步？"

在大部分时间里，你应该能够给这个问题以肯定的回答。一旦你把注意力集中到每天变得更好上，就开始记录你的表现。在你进步的日子里，给自己一个 W 来表示成功。在失败的日子里，给自己一个 L 来表示失败。

一旦你在 80%~90% 的日子里都能拿到 W，你就可以做一些你人生道路上那些伟大的事情了。记住：你不是想成为唯一的赢家，只是想成为一个赢家。最优秀的人不会和你竞争，他们每天都在与自己竞争。你就是自己最大的竞争对手。下一次当你听到有人吹嘘他如何付出了 110% 的努力时，提醒他不要再这样做了。

12

胜利的真相：不纠结于输赢，而专注于当下

胜利不是超越别人，而是要超越自己。

罗杰·斯托巴赫（Roger Staubach）

胜利有两个主要的动力来源。一个是有益的，另一个是破坏性的。

大多数人都想获胜，这样他们才能自我感觉更好。如果他们把自我感觉与胜利联系在一起，他们就会认为他们终究会感觉良好。当然，如果他们输了，他们会感到很难过，因此他们会认为自己有问题或者有挫折感。

这个状态可以用来描述我们大多数人。对输赢的反应是相当明显的，但我们大多数人对失败（悲伤、挫折、愤怒）的反应比对胜利的反应（喜悦、轻松、谦卑）更强烈。竞争就是为了试图证明自己，得到自己和他人的认可。我们只有去争取获胜，才能“感觉良好”。

然而，有一小部分人希望获胜仅仅是因为想要尽最大的努力。他们想要体验到“最佳自我”的状态，并且他们已经懂得，在试图获胜时，他们确实成就了最佳自我。

他们对击败你没有兴趣，因为他们对胜利的渴求与你毫无关系。这只是他们想知道自己能成为什么，能做到什么的一种渴求。因此，他们对输赢没有强烈的情感反应。他们意识到，无论输赢，对他们而言都没有什么不同。他们要么对自己的能力非常了解，要么就不了解，而且他们能够迅速地理解输赢的意义，因为没有什么可以改变他们。

我们别再谈这个了

我在美国南方长大。小时候，我总是被教育要有礼貌，在公共场合不应该谈论某些敏感的事情，比如宗教、政治、金钱，当然还有性。

这让我在成长过程中感到非常沮丧，因为我认为这些是最有趣的话题，了解一个人对这些问题的看法可以很快地了解他。当我长大了，成为一名心理治疗师时，我意识到这些也是生活中给人们带来痛苦的问题。

在体育和其他竞技领域，胜利这个话题最容易引起人们的强烈兴趣。在我职业生涯的早期，我写了一篇关于获胜的重要性的文章。这篇文章被刊登在了大学体育系的通讯中。有几个人看了后，觉得有必要到我的办公室来拜访我。他们都不是教练。他们告诉我，我提出胜利很重要，是在传递错误的信息。

我听取了他们的意见，也感谢他们与我分享了他们所关切的议题，但我最终认为，他们还是没有看懂我在文章所表达的观点。

所以，在 20 多年后，我准备再次站出来，面对大家的批判。虽然还是讲同样的观点，但是已经经过 20 年的研究和经验的验证了。

获胜是很重要的，真的很重要。

之所以说它重要，绝不是因为你们所想象的原因。

为什么说胜利很重要

我说的胜利不是排名、奖杯或冠军奖牌。一旦你有了胜利的欲望、意图和期望，这就会自然而然地发生了。我最感兴趣的是，帮助人们尽可能表现出他们的最高水平——展示出他们的全部潜能。事实上，那些热切渴望胜利的人，那些想在他们所在领域出类拔萃的人，要比那些嘴里说着“我不在乎输赢，只想发挥得更好”的人更有可能充分发挥他们的潜力。

这就是为什么我认为胜利很重要。它会让你发挥出最好的一面，把你推向你能力的极限。如果胜利比发挥得更好更为重要的话，那么最好的运动员就会与比他们水平差的对手竞争，因为他们知道能轻易地击败对手。而事实上，最好的运动员想要与最好的对手竞争，即使这意味着可能会输。

我经常会问那些努力奋斗的优秀运动员，为什么他们不去通过降低参加比赛的等级来赢得比赛呢？毫无悬念的是，我得到了同样的回答："我永远不会那样做。我不可能仅仅为了赢得比赛而去降低比赛等级。"

有证据表明，与一个真正有能力击败你的人竞争，要比与你知道自己能轻易超越的人竞争更有趣。当然，我们想赢，但是如果只有胜利能带来乐趣的话，这意味着必须面对失败的可能性。只有当你的竞争对手和你一样优秀或更优秀时，胜利才会带来快乐。

我对大学橄榄球比赛的抱怨之一，就是比赛的日程安排。由于评分系统带有主观偏见，因此学校会选择那些比自己水平差的对手，以确保他们有足够机会获得胜利，或者赢得全国冠军。换句话说，许多学校每年都要打两到三场比赛，击败一个远远不如自己的对手，以便以几场额外的胜利使得他们能在这个赛季走得更远。那些水平差的学校参加这个比赛是因为奖金非常可观，高达 100 万美元。

关于胜利的另一个问题是，我们喜欢把单词"the"放在赢家的前面，比如说"我是赢家"（the winner）。这个词语表明，只有一个赢家，其他人都会成为"输家"。

如果我们把"a"这个词放在赢家的前面，构成另一个短语

“我是一个赢家”（a winner），这样会更好，这意味着赢家不止一个。在我们的社会中，由于自恋、害羞和自我膨胀等问题，每个人都在努力成为那位赢家，而不是一个赢家。

你和我都能同时成为赢家吗？出现这种两难局面是由内心的不安全感和恐惧造成的。我们需要放弃让自己成为“那位赢家”，并开始努力成为“一个赢家”。这样，你的表现水平就会提高，你也会更喜欢自己。

获胜的心态

我有幸与很多团队、运动员和公司合作，这些团队几乎覆盖了输和赢的全部领域。不可避免的是，那些希望赢得比赛的球队会以其他球队无法想象的强度进行训练。想象一下每天去训练或工作，并且知道这样做的原因是你相信你和你的队友会完成一件伟大的事情，是一件会流芳百世的事情。当你改变你的思维方式时，你的一生都会改变。你做的每件事都有目的。你很重要，其他人也很重要。这可能是成年人能合法拥有的最有趣和最令人兴奋的东西。这就是为什么说胜利很重要——它会把你的体验提升到最佳水平。

另一个重要的原因是胜利创造了机会。在比赛中，获胜者会进入下一轮比赛，而失败者则要打道回府。在商业上，获胜者保住了自己的工作，赚了更多的钱，而失败者却会面临失业或降职。

如果你喜欢你所做的事情，那么为了能继续做下去，就要努力去做好它，通常是沿着新的领域去开拓。成功会带来更多的选择。积极向上的品质公认属于那些顶级的成功人士。我不是说这是公平的，或者说就应该是这样的。但实际上就是这样的。

雇主们喜欢雇用那些上过名校或在大学期间获得过荣誉的求职者。大学教练员喜欢那些为冠军队伍效力的运动员，而不是失败球队的运动员。为什么呢？因为我们相信，一个懂得如何赢得胜利，渴望胜利，并期望胜利的人，比一个没有经历过高期望和冠军文化洗礼的人更能成为优秀的选手。我非常同意这个观点。

几年前，我曾和一支球队合作过。这支球队在历史上从没有获胜过。事实上，他们输的比赛要比赢过的多得多。有一天，我和教练见面时，我问她，她认为当年球队会表现得如何。

"嗯，斯坦，我们会努力赢得每一场比赛的。当然，这是不可能的。"

这时，她举起桌子上的大日历，拿出日历下面那个赛季的日程表。她对我说，在每一个赛季之前，她都会按照日程表来预测她的球队是会赢，还是会输掉比赛。

我很高兴她会这么相信我，和我分享这样的私人信息，但同时我也对这种做法感到惊讶。

"那么，"我问，"如果你赢了一场你认为你会输的比赛，或者输了一场你认为你会赢的比赛，那会发生什么呢？这会对你这个赛季的表现产生什么影响呢？”

我突然想到，如果教练真的不认为球队会赢，那一定会影响教练与球员之间的互动方式。我的想法是，毫无疑问，球员们会知道他们的教练是相信他们会赢，还是相信他们的竞争对手会赢。

最优秀的领导者是那些相信他们的团队能够获胜的人。获胜球队的领导者都相信胜利是很重要的。他们相信，以积极正面的期望参与到每一场比赛中去是一种很好的感受。

在运动员的一生中，总会有期望获胜的时候。有时候，他们也不相信自己和对手一样优秀。大多数达到大学专业水平的选手，在他们的职业生涯中，都会有想要赢的时候，并且相信他们每次参加比赛都会赢。

然而，一旦他们进入了大学比赛、奥运会或其他职业比赛，这种获胜的渴望和期望通常会变得不稳定和难以预测。

对于那些对胜利失去信念的运动员，我所能做的就是问他们，在职业生涯中是否有某个时刻曾经期待过胜利，而事实上他们确实获胜了。这个问题并不难，因为这些运动员大部分在他们还是孩子的时候就在比赛中获得过主要地位，直到高中都是这样。

我问他们：“你有什么改变？你现在有什么不同？你失去能力了吗？你不像以前那么优秀了吗？”

他们立刻意识到自己现在应该比高中时要优秀多了，于是脸上浮现出一种困惑的表情。他们不知道发生了什么，但我知道，他们迷失了。

有一天，他们怀着同样的期望参加了比赛，但这一次他们被击败了，从此世界就彻底改变了。没有人告诉他们，成功不是逃避失败，而是去积极回应失败。

如果胜利是重要的，那么竞争也必须是重要的。事实上，竞争的方式（你如何看待竞争环境）和获胜一样重要。过程决定结果。你是如何看待竞争这个过程的，最后比赛的分数就能表现出来。

为了在竞争的环境中发挥得更好，我们必须学会专注于过程而不是结果。经常获胜的球队不会过多地谈论胜利。他们谈论的是他们想如何打比赛（过程）。优秀的教练不会通过大喊，如“让我们赢得这场比赛吧！”来激励他们的球队。相反，他们讨论要赢得比赛而需要准备的事情。

相信你会赢，实际上是让你不要去纠结于胜利，这能让你解放思想，放下包袱，更专注于当下。相信你会从分心和焦虑中解脱出来，拥有一个平静的头脑，从而带来一场精彩的比赛。

关键点

胜利者不会去想获胜。他们思考在比赛之前必须做好什么准备才能获胜。他们很少考虑比赛本身，优秀的选手知道在什么时候和如何投入到比赛中去。

1980 年，乔治·希汉博士（Dr. George Sheehan）写了一本书，书名为《跑步人生》(*This Running Life*)。我最喜欢的一章的标题为“精神”，这是一个简短的、只有三页纸的章节。在这一章中，希汉博士提醒我们，要注意竞争和竞赛这两个词的起源。

竞争

竞争（compete）可以展现出我们最好的一面，这就是为什么我们要去寻求竞争。这个词来自拉丁语的词根 Peto，意思是“外出或寻找”。前缀 com 的意思是“和”或“一起”。因此，竞争是一个需要他人参与的社会过程。你一个人是做不到的。

但是，我们应该在竞争中寻求什么呢？希汉博士建议说：“竞争就是我们每个人互相帮助，共同追求终极性的最佳自我。”

我非常喜欢这句话。这也是我一生中读过的最好的一句话。它抓住了这样一个理念，就是我们并不是孤立存在于这个竞争激烈的世界里。我们都在为同样的理想而奋斗。希汉博士接着又说了两句著名的话：“我们所做的事可以互相激励我们每一个人。竞争是一个人人互相效力的综合性的社会活动，每个人都能成为赢家。”

你想要的就是我所追求的，我也需要你来帮助实现我的目标。你需要我来挑战你，这样你才能发挥出你的潜力。这是多么美好的事。

优秀的竞争对手是有助于竞争的，而不是阻碍竞争。与最优秀的人竞争，可以使我们振作起来，促进我们，让我们的灵魂燃烧起来。如果你学会了如何与之一起参与竞争，而不是彼此竞争的话，那么在你与最优秀的人竞争时，你就会成就最佳的自我。

那些没能在竞争中处于上风的人之所以这样做，是因为他们是在彼此竞争。伟大的竞争者懂得相互竞争的真正意义。

竞赛

正如我们前面所提到的，竞赛（contest）这个词是以前缀“con”开始的，这表示“和”的意思。第二个音节“test”与“testify（作证）”是同一个词根。当“作证”的时候，我们要宣誓，要做出承诺。当我们参加竞赛时，我们也应该做出承诺——不仅是对我们自己，也是对在场的每个人做出承诺。希汉博士建议，我们的承诺应该是尽力而为。

不管你做什么，都要对自己做出一些承诺。你要向自己保证，当事情变得困难时，你不会放弃；你要向自己保证，你不会隐瞒任何事实。此时此刻要让竞赛成为你生命中最重要的事情，并且要保证信守你自己的诺言。

不信守承诺的人一定会找借口。要善于做出恰当的承诺，并遵守你的承诺，这样你就不用再找借口了。

正如我刚才说的，大多数人在理解胜利的含义的时候都存在一个问题，那就是他们认为只有一个赢家，其余的都是失败者。这绝不是真的。对于胜利而言，也不可能只有一个定义，而且也不会是只有一人获胜，唯他独尊。

下面这个故事就是一个关于四个人如何在同一场比赛中获胜的最好的例子。

2010 年 5 月 1 日，在斯坦福大学的赛场上正在举行男子 10 000 米长跑比赛。

美国许多优秀的长跑运动员都参加了这场佩顿乔丹田径经典赛（Payton Jordan）。这次比赛令很多人感到兴奋，因为 2010 年美国纪录保持者加伦·鲁普（Galen Rupp）的教练阿尔贝托·萨拉泽（Alberto Salazar）宣布，他相信鲁普会在当晚再次打破美国纪录，甚至连酒店的宴会厅都已经被预订了，这样耐克公司就可以在这一创纪录的比赛之后举办一场大型庆祝会。

我靠着栏杆，站在两位最出色的长跑教练皮特·雷亚和格雷格·麦克米伦中间观看比赛。仿佛要开始一场魔术表演，人类最精彩戏剧的舞台已经准备好了。

比赛进行到一半时，领跑者的速度已经破了历史纪录，而观众的兴奋情绪也在不断增强。每个人都怀着和孩子在平安夜一样的期待心情在观看比赛。

离终点只有 600 米远的时候，克里斯·索林斯基（Chris

Solinsky）就像被一只巨大的弹弓弹射出去了一样。克里斯以 5000 米赛跑而闻名，他从不期望能击败鲁普，更不用说创造新的纪录了。鲁普和其他人开始紧追其后，最终打破美国纪录的运动员不止一名，而是两名。

索林斯基以 26 分 59 秒的成绩打破了鲁普保持的美国纪录，随后鲁普也以 27 分 10 秒的成绩获得了第四名，后者也打破了之前自己保持的 27 分 13 秒的纪录。到底谁赢了？他们俩都打破了纪录。他们都做到了他们梦寐以求的事——创造新的美国纪录。

当晚，NCAA 的纪录也被来自自由大学（Liberty University）的山姆·切兰加（Sam Chelanga）以 27 分 8 秒的成绩改写了。在这场精彩的比赛中，索林斯基的前大学队友西蒙·贝鲁（Simon Bairu）也以 27 分 23 秒的成绩打破了加拿大的纪录。

一场比赛刷新了四项纪录。那天晚上，共有 13 名男运动员在 10 000 米赛跑中取得了个人最佳成绩。对他们而言，这场比赛可以说是他们在田径史上跑得最快、跑得最好的一场比赛。

那天晚上，这 13 位运动员都可以这样欢呼："我是赢家。"

13

幸运儿：对自己和世界持积极态度的人

不要祈祷能过上安逸的生活，要祈祷成为更强壮的人。

约翰·肯尼迪

我经常听到教练和运动员将某一事件或结果归结为“好运气”或“坏运气”。很显然，运气是一种虚无缥缈的东西。它随心所欲，不受控制，要么悄悄来到我们身边，要么转身就会抛弃我们——这有点像艺术家口中的缪斯，或祈祷中的孩子眼里的天使。

令我惊讶的是，非常有成就的运动员和商人总是把他们的成功归功于运气。

在《从优秀到卓越》（*Good to Great*）一书中，作者吉姆·柯林斯（Jim Collins）采访了许多成功的商人，他们大多表示，他们的巨大成功在一定程度上归功于运气或好福气。确切地说，他们到底指的是什么？难道人们在说“运气”的时候，不是在谈论同一种现象吗？

我觉得很可能是不同的。

好吧，我不想扫你的兴，但运气不是那种外在的东西。它在你的内心、你的脑海里。当然，运气是肯定存在的，但只存在于你的头脑里。它是一种潜意识的（有时也会是有意识的）创造。基本上来说，这与你如何看待自己与世界的关系密切相关。

你认为自己是幸运的还是不幸的？事实上，不管你相信哪个答案是真的，对你来说都是一件大事。运气就可以预测出你的表现，甚至在一场比赛开始之前，我们大多数人都会预感到自己的表现如何。

那些认为自己“幸运”的人相信他们会得到一个机会，而那些认为自己“不幸”的人相信，机会都是给别人的。

2015 年秋天，我和一位职业高尔夫球手一起工作，他最好的朋友最近正在和乔丹·斯皮思（Jordan Speith）一起打球。乔丹的成绩非常惊人，他赢了大师赛，是这场巡回赛中的最佳球员。我当事人的朋友正在发球区等待时，乔丹加入进来。他们握手后，乔丹说了一句话，给其他球员留下了难以磨灭的印象。他说：“朋友们，我现在想向大家道歉。我得到了很多幸运的机会，所以别对我发火。”

在这段时间里，我哥哥史蒂夫去亚利桑那州的凤凰城工作。史蒂夫和我们的高中老朋友托尼·菲利普斯（Tony Phillips）住在一起。托尼在高中时是个了不起的运动员，他在美国职业棒球大联盟中打了18年球。史蒂夫告诉我，托尼的心态很罕见。托尼总是说："不知道为什么，我总是万事如意。"

乔丹和托尼这样的运动员向我们展示了他们的心理状况。我们应该密切地关注这些现象。如果你观察这两个人中的任何一个，你都不会发现他们身体上有任何的非凡之处。乔丹身高6英尺①，体重185磅②。托尼的身材很小，只有5英尺10英寸③和175磅。不同之处在于他们对自己的看法，并且相信未来。无论你相信自己是"幸运的"还是"事事如意"，这些都是对你未来的信念。当你相信未来会是美好的即"万事如意"时，你现在就会发生改变。换句话说，"现在"的状态会因为你对未来的信念而改变。这个力量是很强大的，我们大多数人甚至难以懂得这些信念的意义。此外，我们也不明白，如果我们能够增强信心，我们也可以像他们那样看待事物。

想象一下，如果你相信万事顺意的话，你的生活会有多么不一样。在你的生活中，你的忧虑和压力会少得多。每当你遇到挫折时，你就会懂得，这不过是你人生旅程中的一段必经之路。最重要的是，如果你相信这一切都会顺利的话，你将能够保持平静的心态，这将使你获得最佳表现。

---

① 1英尺＝30.48厘米。——译者注

② 1磅＝0.454千克。——译者注

③ 5英尺10英寸约等于1.78米。——译者注

虚假谦卑

不管哪一天，只要你打开 ESPN 频道，你都会听到你最喜欢的运动员说："我在热身中感觉很好，我觉得今晚可能很特别，但我不知道我今晚会创造一个纪录。今天我运气不错。"

关键点

成功人士认为自己是幸运的。他们认为，整个世界都在与他们合作，而不是在反对他们。

运气也可以说是一种虚假的谦卑。换句话说，在成功之后，你可以说："我们今晚比对手表现好多了。他们的水平与我们不是一个档次的。"或者是说一个更为普遍和能被大众接受的理由："我们今晚只是很幸运。对手是一支优秀的球队，我们感到非常幸运，能够以一场胜利离开这里。"这是真的吗？

马丁·塞利格曼（Martin Seligman）是一位心理学家，他曾研究过乐观主义和运气，写了大量文章来阐述自己的发现。塞利格曼认为乐观主义本质上是一个可以学习的信念系统，它可以对我们的生活产生重大的影响。

他发现，当一个特定的事件发生在我们身上时，我们会自动将这一事件归因于内部（自身）或外部（世界）的因素。我们也把结果归于积极或消极的结果。

正如你所想象的，乐观的人把积极的结果归因于自己（内部），消极的结果归于他人（外部的）。

悲观主义者 VS 乐观主义者

想象一下，你在一场比赛中发挥得很好，你正试图弄明白为什么会如此之好。现在，让我们看看乐观主义者和悲观主义者对这种情况的反应有什么区别。

乐观主义者：今晚我打得很好，因为本周我在训练中很努力，而且在比赛中我付出了很大的努力。

悲观主义者：我们今晚赢了比赛，因为裁判做出了一个错误的判决。

这里最主要的不同点在哪里呢？这不仅仅是态度上积极和消极的问题，还是究竟把责任归咎于内部还是外部的问题。如果你是一个乐观主义者，你更可能把消极的结果归因于一些外在的因素，比如“他们踢得很好，占据了所有的机会”。但如果你是个悲观主义者，你可能会想：“我表现得不好。我永远不擅长这项运动。”

为了将悲观主义者的心态转变为乐观向上，悲观主义者必须学会停止为他们无法控制的事情而自责。最重要的是，他们需要学会控制自己的态度和信念。

关键点

我们所说的“运气”实际上是我们认为的自己和世界之间的真实关系。只有对自己和世界持积极态度的人才能成为被“好运”光顾的人。

直觉的作用

你可以预测和找到你获得成功的原因。这个想法并不新鲜，当然也不只是在体育运动中才能找到。

在我与企业客户谈论成功时，我通常先问这个问题：“你们中有多少人在准备开车去拜访客户时有过强烈的直觉，觉得这场会面会进行得很顺利？你们会获得订单？”

通常情况下，几乎每个人都会举手，甚至没有人需要思考答案——他们甚至在我问完问题之前就知道答案了。

当然，我不会轻易被击败，我会问他们相反的问题：“在你的直觉中有没有一种不好的感觉，感觉这场会面将不太顺利，你将不会成功呢？”

这一次，大多数人都会举起手来，但他们并没有像第一次那样迅速。相反，有几个人先举起了手，然后才有人陆续举手，最后大约有三分之二的人举起手。剩下的三分之一要么是骗子要么是懦夫，或者两者兼而有之。

这种现象可称为心理障碍。在你心爱的赛场上，出现了一个有心理障碍的人。这个人的工作是了解马匹、骑手和训练员，并根据过去的表现预测比赛的结果。

这个人知道的事情与你一样多——过去是未来最好的预测者。人不会改变太多，马也不会改变。

一旦有人选择了一条轨迹，他们就倾向于坚持下去。以往赢过的人往往认为自己将来仍会赢，就像从来没有赢过的人一样，很难相信今天幸运能够降临。

当我和运动员一起工作时，我会问他们会为明天的比赛做哪些准备。通常情况下，他们的回答是："我不知道。我希望比赛一切顺利。"对此，我回答说："那是胡说八道！你肯定有所期望，说出来，我想听听。"

然后，通常有几轮交锋，他们会坚持说真的不知道，但他们最终还是让步了，并承认他们最近一直在考虑这个问题。

然后，我问他们在思考这场比赛时看到了什么，想到了什么场景。大多数人承认，他们想象到的场景和想法并不是非常乐观，因为想法过于消极，所以他们试图把这些想法推回到无意识中去。

有些人非常擅长这种形式的心理操纵。然而，如果你想在你的运动、你的事业或你的爱好上获得成功，你必须掌握这一方法。它的影响力是巨大的，它对你未来的成功至关重要。

当你为生活中的任何事情做准备时，你同时也在进行身体和心理两方面的准备。如果你在心理准备过程中是无意识或无意愿的，你就会毫无意愿地或无意识地进行下去。

当结果很重要的时候，你就不能省略这个过程，尽管我们大多数人都是这样做的。运动员甚至无法想象出自己发挥得如何好，如何赢得比赛，这也是司空见惯的事情。如果是这样的话，那他们怎么可能期盼自己成功呢?

改变你的信念

我曾经去帮助过一支大学篮球队提高罚球命中率。一名球员的投篮命中率特别差，不幸的是，他还不得不经常在场上投罚球。

在我们的第一堂课中，我让他闭上眼睛，想象自己在投篮。他按照我的话去做了，并说他在那个场景中投不中。我解释说这没问题，让他再试一次。他多次重复这个练习，但却无法想象出自己会投篮命中。

这说明了他在潜意识中假设自己投不中，而不是命中篮筐。遇到这种情况，除非我们能够创造出一种思维方式，否则我们不可能提高他的投篮命中率。我们要让他假想自己应该能投篮命中，所以每次罚球都会投中。

投篮命中率超过80%的球员一般都认为他们会投中任何一球。他们的自我信念是“我能罚球命中”或“罚球是一个容易投中的机会”。

在与这位运动员合作了相当长一段时间之后，他终于能够想象自己能投篮命中了。直到度过这一阶段后，他才提高了罚球命中率。

这是一个典型的例子，证明了一个人的信念体系是如何决定表现的。为了取得进步，你必须改变你对自我能力的信念。

关键点

你总是对自己的表现抱有期望。如果你没有感受到这种期望，就会带来非常消极的影响。

当我在弗吉尼亚大学参加鲍勃·罗特拉（Bob Rotella）的研究生班时，罗特拉正在与相当多的美国巡回赛（Professional Golfers' Association，PGA）职业球员合作。有一天，他在课堂上提出了一个问题：“每次 PGA 赛季开始时，大约有 150 名高尔夫球手有资格参加比赛。那么，在这 150 名高尔夫球手中，有多少人希望赢得这场比赛呢？”

学生们的回答从“他们所有人——这些都是职业高尔夫球手”到“大约 10 人”不等。在收到所有的答案后，罗特拉分享了他的看法，他认为真正相信自己能赢得这场比赛的人也就五六个。

他阐述了希望获胜（每个人都有可能）和期望获胜（很少人会赢）之间的区别。本质上，在任何有多个参赛者（高尔夫、网球、跑步、游泳等）的比赛中，大多数人都不期望获胜。

如果你不期望获胜，那么你甚至在比赛开始之前就取消了自己的资格。你已经使自己失去了一个公平的获胜机会，在赛场上你将不具备领先的能力和公平竞争的优势。

关键点

在你参加的任何体育运动或工作中，你的心理目标都应该是期望获胜或做好工作。

2011 年 6 月，与我一起工作的几名田径教练邀请我参加在俄勒冈州尤金市举行的美国田径锦标赛，与他们的运动员合作。

我先飞到盐湖城，然后再乘一架小型通勤飞机前往尤金市。飞机上有很多运动员，我发现自己恰好就坐在一位运动员旁边。我猜他应该是短跑运动员，因为他的一条大腿就比我两条腿还要粗。

我们相互做了自我介绍。他说他叫贾斯汀·加特林（Justin Gatlin），是一名来自佛罗里达的短跑运动员。我不认识贾斯汀，也不知道他曾是2004年奥运会100米金牌得主。我也不知道他在两年内获得了六次NCAA冠军，并在大学二年级的时候就退学转为职业选手。此外，我也不知道他刚刚结束了为期四年的禁赛，因为之前他体内的睾酮含量显著超过了比赛中的所有人。尽管如此，我们还是相谈甚欢。我和他分享了我的理论：大多数运动员甚至在比赛开始前就已经取消了自己的参赛资格，因为他们不期望获胜。

对我的这个观点，贾斯汀马上表示同意。他说在短跑比赛中，通常只有一个人认为自己会赢。他甚至暗示，参与这一竞赛项目的每个人都知道那个人是谁。

我对他能如此坦率感到非常惊讶，并且发现他关于短跑运动员如何参加比赛的描述非常生动有趣。我们就这个现象讨论了很长时间。我感到非常荣幸，能有一位优秀的短跑运动员与我分享他真正的想法和竞争对手的想法。

“好吧，贾斯汀，你想在这次比赛中发生点什么？”我打趣地说。

他说，这是他在很长一段时间内第一次参加比赛（我还不知道他刚刚结束禁赛），如果能进入前三名他就已经很开心了，因为这将使他有资格参加那年的世界锦标赛。下飞机的时候，我们相互道别，我隐隐感觉到他赢不了比赛。

几天后，我满怀期待地观看了决赛。胜算最大的选手泰森·盖伊（Tyson Gay）因伤退出了比赛，而贾斯汀现在则有机会赢得美国冠军了。对于这个突然降临的机会，他在心理上还没有做好准备。

枪响了，贾斯汀跑在了队伍的前面，独自一人向终点线狂奔。我想："天哪！他要赢了！"

虽然他的身体率先越过终点线，但贾斯汀却没有赢。他没有向前倾身冲刺，而是向左看旁边的选手——这是一个奥运冠军不应该犯的错误。沃尔特·迪克斯（Walter Dix）以 9.94 秒的成绩赢得了比赛，贾斯汀以 9.95 秒的成绩屈居第二。

当贾斯汀向左看时，沃尔特·迪克斯正向前倾身冲刺赢得了比赛，而贾斯汀获得了第二名。这场比赛的赢家本属于贾斯汀。他是那天跑得最快的人，但不幸的是，我不认为他能够赢——当然他也没有想到会赢。如果他想赢，他就会向前倾身去冲线。记住，我们现在说的可是奥运冠军。贾斯汀是田径史上最优秀的短跑运动员之一，他赢得了数百场比赛。

想想看这有多疯狂。大多数运动员从来没有给自己一个获胜的机会，因为他们没有获胜的期望，也不相信自己能赢得比赛。如果这样的运动员能够赢得一场比赛，他们最终几乎肯定会感到窒息，因为他们会发现自己所处的境地是他们从来没有想过的，这令人感到不可思议。我们都想撤退到一个舒适区，一个我们认为真正属于自己的位置。如果你不相信这是你应得的，它就不可能会发生。

关键点

决定你成功的不是运气，而是对成功的期望。

你的期望（不是你的教练、你的妈妈、你的队友，而是你自己的）具有决定性意义。实际上，你只要满足了自己的期望，不管你觉得是幸运还是不幸，你都是对的！

14

时间的价值：成功需要投入的时间

每个人每天都应该至少做两件他不喜欢的事，这只不过是一场训练。

威廉·詹姆斯（William James）

在我做运动心理学家的时候，我观察过很多场训练。我发现不同教练对训练的认识有很大的差异。他们对时间价值的重视程度和使用方式也不同，每个人对失败和失误的反应也明显不同。

一些教练知道如何去创造一个模拟比赛的高强度和紧张的训练环境。有些教练则倾向于更轻松和专注的训练。还有一些教练是能把无止境的单调的训练变得有趣的专家。

我见过的最好的教练都有一些共同之处——他们懂得训练是为比赛做准备。对于一个有竞争力的运动员来说，一切，我是指一切，你在训练中所做的一切都应该是为比赛做准备。优秀的运动员和教练在训练时会考虑比赛，他们不认为训练与比赛是彼此分离的。

最佳团队如何利用时间

在观察训练的过程中，我开始注意到时间的价值。最佳团队能更有效地利用他们的时间。当时（现在仍然是这样），NCAA 对团队每周训练的时间做出了限制。因此，教练员对时间的利用越有效，团队的进步就越快。如果训练或活动不能让团队在比赛中表现得更好，那就放弃吧，可以用一种可以解决比赛中的问题的方法来取而代之。

当然，那些不成功的团队也会训练，但是他们没有最优化地利用时间，也没有利用好那些运动员认为有助于他们发挥得更好的活动。

优秀的教练在他们的训练中会讲清楚两件事：一是为什么要做某项活动，二是每项活动的预期结果。一旦运动员理解了他们为什么要做某项活动，他们就能更好地全身心投入到这项活动中去。当他们无法理解特定活动的目的时，他们将无法全身心地参与活动。

关键点

每个人拥有的时间都一样，但是成功的人更看重他们的时间，因此他们更有效率。

在大学工作的第一年里，我和很多不同的团队一起工作，但是有一位教练很特别，他没有找我去帮助他的团队。有一天，我遇到了这位教练，他让我来观看他的训练。我欣然同意了。在看完他第一个小时的训练后，我就离开去参加另一个训练了，就这样持续了整整一周。

他在训练中从来不跟我交谈。事实上，他从来不会留意我在不在现场。我来了，观看了训练，然后走了。第二周，他打电话叫我去他的办公室。

"你觉得怎么样？"他问。

"你指的是什么？"

"训练。你觉得我们的训练怎么样？"

"教练，我观察过很多场训练，你的训练是我见过的最安静的训练，"我告诉他，"你是唯一会说话的人。事实上，我甚至不记得听到过你的助理教练在讲话。"

他似乎对我的回答感到惊讶，但我看得出他在思考我刚才说的话。他允许我来观察他的训练，这告诉我他隐约感觉到这里面有问题，只是他自己也搞不清楚问题到底出在哪里。但是，他从未寻求过帮助。他只是想让我来观察他的训练。

"我能问你个问题吗，教练？"

"当然可以。随便问吧！"

“你是如何评价你的团队的领导力的？你的队员具有良好的领导力吗？”

“这是一个好问题，”他说，“我认为这支团队完全缺乏领导力，这也是困扰我的事情之一。”

“你为什么会认为它缺乏领导力呢？”

“我不确定。我知道一些运动员在高中时确实具有优秀的领导力，但进入大学后就丧失了。”

我问他是否想听听我对这个问题的看法。

“好啊，”他说，“所以我叫你来观看训练。我不想告诉你问题出在哪里，因为我觉得会对你造成误导。”

“嗯，教练，我很感谢你让我来观看训练。是的，我对你的领导力问题有一些想法。但实话实说，”我说，“我告诉你问题出在哪里之后，我觉得你会不喜欢我。你确定要我继续说下去吗？”

“见鬼，是的！继续说吧。我不会生你的气。你是在帮我们，不是吗？”

“是的，这就是我来的意图——来帮助你。但为了帮助你，我得先得罪你，”我停下来，让他先消化我最后说的这句话，“团队里缺乏领导力的原因在于你没有为其他人创造自我表现的空间。你是唯一一个在训练中说话的人。助理教练和所有运动员都在等待你下一步的指令。我在你们的比赛中也注意到了这一点。如果你想团队拥有领导力，你就得让他们自己来发挥领导力。你得给他们一些空间，让他们自己站出来。”

在训练、赛前，甚至在比赛中，教练要让队长或团队领袖发言，在企业界也是如此。最佳 CEO 会让他们的副总裁和经理在会议上，甚至在整个公司员工面前发言。没有安全感的领导者总是在自说自话、自吹自擂。

如何利用你的时间

在准备 1996 年奥运会的那一年里，我有机会利用大约一年的时间来观察几名奥运选手的训练。佐治亚州的一位教练和辛辛那提市的一位教练是好朋友。在后者的体操队里有两名奥运体操选手，她们是阿曼达·博登（Amanda Borden）和杰茜·菲尔普斯（Jaycee Phelps）。

她们都是出身体育名门的优秀运动员。阿曼达和杰茜不仅参加了 1996 年的奥运会，而且还赢得了金牌。这是每一个体操运动员梦寐以求的经历。

此前，我一直在观察大学生体操运动员的训练，我也留意到了每个体操运动员如何利用他们的时间。体操项目与其他几乎所有的运动项目都有很大的不同，因为运动员对他们如何利用时间以及在特定训练中的项目都拥有很大的控制权。我的主要关注点是计算运动员的训练时间，以及他们在不同项目之间转场和准备的时间。体操是一种反复训练的项目，谁在训练中重复动作的次数最多，谁就拥有竞争优势。

得出的结论令我感到吃惊。大多数女体操运动员每小时实际用于训练的时间不到 10 分钟，其余大部分时间都是用来做准备活动或转场。在佐治亚大学，体操运动员在实际训练中，一个小时里只有五分钟或更少的时间用在训练中，这种现象并不少见。这里不仅有全美国最优秀的体操运动员，也有最优秀的体操队！

在辛辛那提，我也尝试用同样的方法来观察，得到了类似的结果。但是，后来我观察到阿曼达·博登一个小时里用来训练的时间能高达 20 分钟。这是我见过的最有成效的体操训练，这也是她成为奥运会体操金牌得主的真正原因。

几年前，我读过马尔科姆·格拉德威尔（Malcom Gladwell）的《异类》（*Outliers*）一书。该书研究了人们是如何取得成功的。格拉德威尔声称，除了天赋和时势之外，一个人还必须投入 10 000 小时的训练，才能取得成功。

当我读到这里时，我立刻想到了自己花在观察训练上的所有时间，我意识到这也是我自己观察所得出的结论。但我要补充一点，虽然很多训练是获得成功的必要条件，但如果这种训练没有效率，那么要取得成功就需要更长的时间——如果真的能完全做到这一点的话。实际上，在训练中，你的效率越高，重复的训练动作次数越多，你的进步就会越快，发挥得越好。

如果你想表现得更好，就必须更有效率地参加训练。

第三部分

打造可持续的内在成长

Become the Person You
Want to Be

15

成为比拥有更重要

光是异想天开是不行的。你必须问问自己，怎样做才能得到你想要的东西。

富兰克林·罗斯福

正如我前面说过的，当我和一个新客户一起工作时，我通常会问他们一个简单的问题："你想要什么？"令人惊讶的是，大多数人都很难找到答案。

这是一个很简单的问题，不是吗？答案不就在那里吗？放下书，拿出一张纸，写下你的答案：你想要什么？

但是，这比你想象的还要难，不是吗？大多数人都很难回答这个简单的问题，因为事实上他们根本不知道自己想要什么。而且，就算他们知道自己想要什么，他们也不认为那就是自己想要的东西。

愿望金字塔

当我看到一个人在“你想要什么”的问题上挣扎时，我会给他们一点小的提示，会在这个问句上加些词。这个时候，我通常会在一张纸或一块白板上画出如图 15–1 所示的愿望金字塔。

>> 拥有

那么，我再来问你一个问题：你想拥有什么？

“哦，现在我明白了，”他们回答道，“我想拥有更多的钱，更大的房子，一辆新车，更好的工作……”他们就像坐在圣诞老人的腿上一样。每个人都有一份愿望清单，上面罗列了他们想拥有的东西。大多数人都相信一旦他们拥有了这些东西，他们的生活就会变得更好。

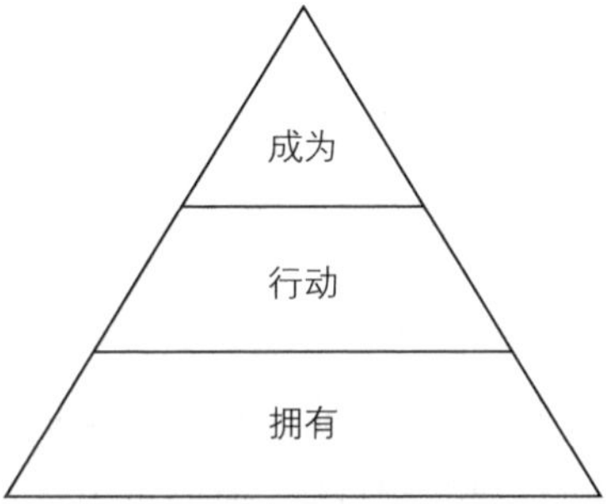

图 15-1　愿望金字塔

>> 行动

接下来，我在金字塔的中间部分写上“行动”这个词。

这一次，让我问你一个稍微不同的问题：你想做什么？你喜欢怎样打发时间？你最喜欢的活动是什么？

大多数人都能回答这个问题，但有些人发现这比第一个问题更难回答。一般情况下，回答间隔的时间更长，答案更少。通常回答是这样的：“我想花更多的时间和我的孩子在一起，少工作，多旅行……”

第一个问题是关于物质的。但是，“你想做什么”这个问题是关于你如何去利用时间的。什么对你来说更有价值，你拥有的东西还是你的时间？老实说吧，你会愿意搬到更小的房子里去吗？这样你就能花更多的时间陪你的孩子了。你愿意开一辆二手车去你一直想去的地方吗？遗憾的是，大多数人更看重我们所拥有的东西，而不是我们的时间。

那么，那些成功人士是如何回答这些问题呢？他们更看重东西还是时间呢？没错，比起金钱或物质，他们更看重时间。你已经知道了，不是吗？

>> 成为

接下来，我在金字塔的三角形顶部写上“成为”这个词。这是金字塔中的最后一个问题：“你想成为什么样的人？”想想看，你是谁？这是我们需要回答的一个重要问题。但是，首先你必须回答：“我现在是谁？”

“我是谁”是所有问题中最重要也是最难回答的问题。当我问别人这个问题时，大多数人都无法回答。“我是谁”是现在时的概念，“我想成为什么样的人”则是个未来时的概念。为了成为你心目中的人，你必须知道你现在是谁。

这就像在观看一幅地图——为了弄清楚如何到达某个地方，你必须找到你现在所处的位置，以及你想去的地方。如果第一个问题是关于物质的，第二个问题是关于时间的，那么第三个问题就是关于人的本性的，是关于自我的。请记住，这是一个关于“我是谁”的问题。这个问题是要告诉你一个真相，即你是谁，你是什么样的人。

总结

如果你没有充分发挥你的潜力，但你又想要完全发挥潜力，那么你必须首先承认，你还没有充分发挥自己的潜力。正确理解“行动”和“成为”之间的关系，以及如何利用你的时间是至关重要的，直接影响到你会成为什么样的人。

我经常鼓励人们忘记他们想拥有或已经拥有的东西，因为这是在浪费时间。对那些奖项和荣誉也是如此，忘了它们吧。它们不会帮助你提高你的表现水平。相反，你要认真考虑如何利用你的时间，如何做选择，以及你要和谁在一起。孩子们应该衡量一下花在锻炼、阅读、做作业、玩电子游戏等方面的时间；成年人应该衡量一下在工作、交通、与孩子交谈、社交媒体、在机场值机等这些方面花费的时间。因为你如何利用你的时间将决定你最终会成为什么样的人。

我的朋友保罗·温顿（Paul Winton）以前是一位牧师。他曾经对我们说："给我看看你的支票簿和日历，我就知道你是什么样的人。"换句话说，你可以通过一个人如何花他的钱和时间来了解他。对此，我再同意不过了。

消费主义的信条就是对物质的渴望会导致对更多物质的追求。高水平表现的原则是不同的，它所宣扬的是渴望更有效地利用你的时间会让你变成更好的人。换句话说，真正的渴望能给我们带来更好的变化。

16

与竞争一同前行

大多数人在第一次跑得够远之后从来没有想过他还能跑第二次。尽你所能去成就梦想，你就会对你身上爆发出来的能量感到惊讶。

威廉·詹姆斯

跑步是一项体能运动。竞赛是一项精神运动。

你看过赛马吗？看那些高大的赛马如此快速地奔跑，给我们所带来的能量和兴奋是相当惊人的。然而，要想赢得一场赛马比赛，其中有很多策略和计划。那些明星赛马通常会赢，就像人类的比赛一样，有很多因素会影响比赛结果。

在赛马中，主要有三个因素：赛马、驯马师和骑手。赛马想奔跑，如果让它们按照自己的意志跑（听起来就像人类一样），它们就会一直跑到受伤为止。这时候就需要驯马师参与进来。驯马师几乎控制着赛马生活的方方面面：跑了多少，跑得多快，吃了多少，谁来骑马等。骑手骑在马背上负责管理赛马的行为。

赛前，骑手必须要放松和充满自信，这反过来又能帮助赛马保持同样的状态。一旦比赛开始，骑手必须确保赛马不要跑得太快，还必须把赛马控制在赛道上，这样它在比赛中就不会被其他马挡住奔跑的路线。

当赌马的人走进赛马场时，在下注之前，他们会对这三个因素——马、驯马师和骑手进行评估。如果缺少一个因素，赛马就不能很好地进行比赛。

现在，让我们把这个类比应用到我们人类的竞赛上：你的身体相当于那匹赛马；你的教练和 / 或训练方案相当于那位驯马师；你的心理或精神状态相当于那位骑手。在比赛之前，你应该注意你的身体状态和训练情况。一旦比赛开始，你必须变成那位骑手，而不再是那匹赛马了。你的职责就是在当天尽可能快地向前奔跑。

训练是一种体能活动。它涉及你身体的运动、调节，以及保证你身体正常消耗的营养。另一方面，竞赛主要还是一项心理活动。你可以利用你的精神力量使你的身体发挥出最大的能力。

你相信你能做什么，以及你将如何去做，这两者都会在比赛中发挥重要作用。优秀的选手不会拒绝和回避竞争；相反，他们会与竞争一起前进。

在 J.K. 罗琳的哈利 · 波特系列小说中，哈利参加了一场不同寻常的比赛，叫做魁地奇。哈利和六个队友骑在扫帚上飞来飞去，去追逐四个球中的一个球。哈利扮演的角色是找球手，他的职责是赶在其他球队的找球手之前抓住那个最小的球——金色飞贼。

魁地奇是一个在魔法世界里玩的游戏，哈利的角色会让你若有所思。在竞赛中，我们应该去探索什么？答案就是：最佳自我。

竞争的目的是要发挥出我们最佳水平。优秀的选手会利用竞争来帮助他们发挥出最佳水平，就像一个骑手把他的马控制在完美的状态下去赢得比赛一样。另一方面，拙劣的选手只会受到来自竞争的压制。

令人惊讶的是，在一个特定的环境中，有人能展现出最佳水平，有人却表现得糟糕。

成为一个优秀的选手意味着你能够利用其他选手来帮助你跑得更快，而不是让他们来阻碍你前进。在比赛中，别人存在的唯一目的就是要帮助你跑得更快。跑在你前面的那个人向你展示出了你可能跑得有多快。他们在对你说："你能行！"

对胜利的渴望，渴望在某一时刻成为赢家，这是一个让我们许多人感到不舒服的概念。事实上，对胜利的渴望或意愿会给你带来最好的一面。你应该期望获胜，因为它会把你引向最好的方向，而不是因为你会成功地战胜别人。

世界上最伟大的选手对他们的对手都怀着极大的尊重和热爱。他们知道，他们需要对手，只有依赖对手才能让他们找到最佳的内在自我。这种紧张的斗争关系有助于创造出一种优秀运动员所寻求的转变。他们参与竞争，主要是因为他们渴望得到满足和圆满，而不是因为他们希望战胜别人。

最终，那些希望战胜别人（而不是战胜过去的自己）的选手永远也找不到自己的最佳状态。最后，你还是要与自己竞争。这是一场关于你现在是谁和你能成为谁的竞争，这将使你获得成功。

“竞赛”这个词的拉丁语词根的意思是“与他人一起作证或做出承诺”。我非常喜欢这句话。想象一下，如果你每次参加比赛，你的承诺就是尽你最大的努力，全力以赴，反正就是你要尽力而为。观看一场运动员没有全力以赴的比赛是一件非常令人不满，甚至是令人沮丧的事情。事实上，看到运动员们在赛场上全力以赴也是一件非常罕见的事情。大多数人总是会有一点点懈怠。

你有没有这样的经历，开车经过一家商店，看到外面竖着一个牌子，上面写着：清仓销售——所有商品卖完为止？这就是每场比赛中选手们应有的状态——全力以赴。所有的力量，对，就是全力。比赛结束后，你应该筋疲力尽，感觉自己被掏空了。力量用完了，什么都没留下。

一旦你身体空虚了，剩下的就是满足。唯一能在比赛结束后获得完全满足的方法就是让身体空虚。如果你还有所保留的话，它会一直困扰你直到下一场比赛开始。

发挥出最佳水平与天赋、能力、身材、速度、设施、装备、天气条件，甚至你的努力都无关。这是一种自由释放。摆脱自我期望和他人的期望，摆脱批评，摆脱恐惧，摆脱“应该”和“必须”做的事的束缚。

条条大路通罗马，成功有许多条路可走。因此，你不应该过分投入到一个特定的结果中去。如果你非要这样做的话，每次都会搬起石头砸自己的脚。自由释放意味着摆脱任何羁绊，没有欲望，只有一颗非常平静的心。它会让你在有意识的训练中将你的自然能力发挥到最佳水平。

当运动员表现出色时，他们经常会在比赛结束后接受采访。记者会问一长串的问题来请他们说明是如何成功的。“你当时在想什么？”“终场压哨投篮命中，你感觉如何？”通常，运动员会断断续续地回答这些问题，因为坦率地说，他们也不知道问题的答案。他们的头脑没有时间思考，他们只是在做出反应，看到了，感觉到了，但绝对没有去思考。在大多数情况下，他们无法告诉你发生了什么事情或者他们是怎么去做的。然而，事情就这样发生了。对事件的记忆很少，时间和空间也往往被扭曲了。这就是一种缺席的状态，奇迹发生的那一瞬间，你并不在场。

你必须相信你自己和你的能力，这样才能发挥出高层次的水平来。最终，你虽然不会想到自己能走向成功，但是如果你已经做好了准备，你就可以相信自己会成功。

17

全力以赴地投入

如果我从飞机上掉进大海里，就算你告诉我最近的陆地在1000 英里开外，我也会坚持游下去。我鄙视中途放弃的人。

亚伯拉罕·马斯洛

世界上最有耐力的人不是运动员，而是那些居住在日本比叡山的佛教僧侣。

对他们来说，根本没有要赢得的比赛，没有要击败的竞争对手，没有可高举的奖杯，也没有赚大钱的合同可供签署。他们只有在七年中要完成的 1000 场马拉松。他们将其看作一场冥想，而不是一场比赛。目标是实现个人的转变和获得神的启示——这不仅是为自己，也是为他人。

他们所行之事的确令人称奇，但是他们不做的事就更令人难以置信了。

这些僧侣不仅要全程完成马拉松，还要在七年内步行或者跑完相当于 1000 个马拉松的赛程。从客观的角度来看，这些僧侣们走的路程甚至能绕地球一圈还要多。他们总共要跑 46 572 千米——地球的赤道周长是 40 075 千米。

1000 天山地马拉松		
第一年	100 天	40 千米 / 天
第二年	100 天	40 千米 / 天
第三年	100 天	40 千米 / 天
第四年	2 × 100 天	40 千米 / 天
第五年	2 × 100 天	40 千米 / 天
五年大戒：九天禁食物、水和休息		
第六年	100 天	60 千米 / 天
第七年	100 天	84 千米 / 天
	100 天	40 千米 / 天

当你真正观察这些行为的时候，大脑会提醒你这绝对不是真的——这是不可能的。总之，我是感到很震惊。现在，在我研究了僧侣和他们的生活之后，我更加吃惊了。

作为西方人，我们已经建立了一个信念体系。在这个信念体系里，我们知道什么是我们能做到的，什么是我们做不到的。我们的信念体系决定了我们所信仰的内容，这包括我们能做什么，我们不能做什么，以及我们应该尝试去做什么，我们不应该去尝试什么。

无意识的思维支配着我们生活的方方面面，但是如果这个信念体系是错误的呢？如果我们能做超出我们的信念体系的、更伟大的事情呢？如果西方科学无法解释人类潜能呢？如果我们的文化、科学和信念体系实际上是在阻碍我们发挥自己的潜力，甚至影响我们的表现呢？你愿意因此而改变主意吗？为了获得伟大的成功，你必须要改变。

关键点

对你来说，你所信仰的内容是世界上最重要的。你的信念决定了你能做和不能做的事情。这最终会决定你的行为和成功。

“山上的规则”

在他们的马拉松中，僧侣们必须遵守许多规则：他们不能脱去长袍，摘下帽子，也不可以改变或偏离路线。虽然有一个指定的休息站，在那里僧侣们可以坐下来念经祈福，但其他任何时候都不允许中途停下来休息或进餐。所有的念经、禅修和祈福活动都必须按照规定进行，绝对禁止吸烟或饮酒。

在最初的几年里，大多数僧侣每晚只睡四五个小时。然而，在第四年和第五年中，僧侣们每晚睡的时间更短。如果由于某种原因，马拉松所需的时间比预期的要长，那么僧侣们可能根本无法睡觉。

在这七年的挑战中始终存在着象征主义的意义。根据日本的传统规定，人们应该把鞋放在屋外。然而，每个早晨，僧侣们都会把鞋放在屋内，这意味着他们不打算再回家了。

一旦僧侣们开始进入行程中，他们就要承诺完成第一个 100 天的行程，否则他们就必须自裁。因为佛教徒信仰灵魂的轮回和多重化身，所以他们对死亡的看法与西方世界看待死亡的方式不同，他们对死亡不存在恐惧感。为了确保能完成马拉松的承诺，僧侣们都带着一根绳子和一把刀（用于自杀）。在行程中，有许多地方都标记着先前的僧侣死去的地方，以提醒他们承诺的严肃性。

关键点

那些愿意冒险的人总能做成不可能的事情。承担风险最大的人，收获到的成就也最多。

每个僧侣都必须征求导师的同意才能参加马拉松。因为这是自愿的，他们也没有任何理由抱怨。抱怨被认为是内心软弱的表现（请再读一遍这句话）。

正如一位僧侣所说的："你受的苦越多，你获得的快乐就越多。对我们来说，痛苦只是意味着我们必须找到克服痛苦的方法。如果你觉得走路很痛苦，你就不应该开始。痛苦并不重要，这只是你在完成任务中付出努力的一种表现。"

一个人和他取得的成就并不重要，最重要的是传统的延续。这位僧侣并不认为马拉松是他个人的事情。他这样做是为了他人的利益，无论是过去还是现在，他都是如此。僧侣们完成马拉松仅仅是为了感恩而已。

佛教徒认为，个人能够取得的最大成就之一是真正了解自己，只有超越自我的限制才能成功地真正认识自己。

逆境和真正的死亡威胁是一种强有力的方式。在逆境和挑战中，一个人最能清楚地认识自己。在顺境中，你可以假装认识自己，但是一旦希望破灭，这种策略肯定会失败。

关键点

提升自我意识能提高表现水平。身体和心理上的挑战，对一个人的发展至关重要，因为它们向我们展示出了自己的真实面目。

当你们的对手在尽力回避困难的时候，你要主动去寻找困难。

步行冥想是禅修的一种形式。这些马拉松僧侣们认为马拉松也是一种冥想的形式，这是一种经过改造的形式，而不是一种简单的体育锻炼。他们相信人类只有三种基本需求：食物、水和休息。因此，“五年大戒”（五年一次）就包括九天的禁戒，戒除这三种人类的基本欲望。

尽管现代科学表明，人类在没有食物或水的情况下只能存活七天，但这些僧侣认为，通过戒除这些基本需求，他们能够克服欲望。只有这样做，他们才能不再受制于这些欲望（僧侣们在禁食过程中体重会下降 25%）。

酒井的故事

从 1885 年到 1998 年，只有 46 名僧侣行者完成了 1000 天的马拉松。只有两名灵性行者完成了两次 1000 天马拉松的挑战，其中最著名的就是酒井。

今天，酒井仍然是所有马拉松僧侣中最著名的、最受尊敬的人。然而，他通往比叡山的道路并不是你所想象的那样一帆风顺。据报道，他孩提时代在学校里表现很差，经常考试不及格。成年之后，他参军了。在第二次世界大战期间，他在一个用生物武器杀害大量中国人的部队服役。

日本战败后，酒井娶了一个表亲，后来妻子自杀。不久，他和家人开了一家面馆，很快就被烧掉了。酒井因此变得郁郁寡欢，看不到生活的希望，于是他加入了比叡山的僧团，想要改变自己的生活。

“我很懒，过着无所事事的生活。”他说。

在他的第一次1000天马拉松（千日回峰行）行程中，酒井感到精疲力竭，以为自己注定要死了。与其他的行者在身上带着假币不一样，酒井一开始就带上了相当于几百美元的钱，好让发现他尸体的人可以好好地安葬他。

在冬季回峰行的时候，有一天，酒井被一只野猪袭击，受了伤，后来他的脚感染发炎，非常严重。一开始他没有在意，后来发现他的两个脚趾很快就肿得有平常两倍那么大，颜色也变成了深紫色。

他想到要完成马拉松的承诺，就用身上带着用来自杀的刀切开伤口，感到自己可能会疼到晕过去，酒井把刀架在面前，好让他失去知觉倒下时，用刀刺穿自己，结束生命。

幸运的是，当他醒来时，发现自己倒在了旁边，并没有被自己的刀刺穿胸膛。他还活着，这个事实极大地鼓舞了他，于是他站起来继续完成了1000天的挑战。

“我不知道是什么原因，也不知道是怎么做到的，但是我确实活了下来。”他说。

酒井相信自己达到了更高的力量层次。他懂得，仅仅依靠人自身的力量是有限的，他正在被一种不为多数人所知的力量推动前行。

酒井在进行第一次“千日回峰行”的时候，就表达出必死的愿望。他觉得自己还没有达到他所期望的戒律，于是在完成第一次“千日回峰行”后不久，就又开始了第二次“千日回峰行”。酒井增加了这次“千日回峰行”的难度，他要在六年内完成“千日回峰行”，而正常的情况下这需要七年时间。当完成第二次 1000 天马拉松挑战时，他已经是 61 岁的高龄了。他靠着每天 1500 卡路里热量的素食和每晚三个小时的睡眠完成了这项壮举。

后来，酒井说：“人生就像一支蜡烛，如果中途熄灭，对任何人都没有好处。我想要完全燃烧我自己，让光照亮所有的地方。我怀着感激之心，无怨无悔、全身心地投入生活。”

在完成“千日回峰行”几年后，酒井在一次采访中分享道：“我想传达的信息是，请过好你的每一天，因为这每一天就如你的一生。今日事，今日毕。明天又是另一个全新的世界。”

2004 年，在酒井的指导下，一位名叫藤原的僧侣也完成了马拉松。在他完成马拉松不久，他说：“我知道我已经完成了一项任务，仅此而已。我不知道我是否应该称之为启蒙，但这样的训练教会了我，每个人和每件事都是平等的。任何人、任何事情都没有什么特别的。”

美国人约翰·史蒂文斯（John Stevens）研究过马拉松僧侣，并与他们在比叡山上一起生活了一段时间。史蒂文斯在他的书

《比叡山上的马拉松僧侣》（*The Marathon Monks of Mount Hiei*）中分享了对他们生活的有趣见解。这些见解给了我们一种希望，就是我们也可以去实现那些崇高的、看似不可能实现的目标。

他说，这些僧侣们相信，只要你坚持训练，不管什么样的任务，你都能完成。僧侣们相信，要遵循佛陀的本性或精神，这反过来也能使他们发挥出自己的全部潜能。如果他们不能进入他们的神性状态，寻找到内在的神性，他们将无法找到真正的自我和发挥真正的潜能。

僧侣这样做不是为了获得名声——他们是在孤立无援的状态下去做的。一旦你摆脱了自我的束缚（一种“特殊”的追求），你就会获得自由，你就能发挥真正的潜能。实际上，为了获取名声或赞赏而做一些事情会阻碍你的进步。通过这种虔诚行为，他们向我们所有人展示了人类伟大的力量。

在世俗社会中，我们倾向于将我们的身体健康、心理健康和精神健康划分成不同的领域。然而，僧侣们的生活就好像把这些领域都相互串联起来了；在一个领域发生的事情会影响到其他领域。换句话说，就是身体活动也会受到心理和精神方面因素的影响。身体上的痛苦可以带来精神上的启迪和自我意识的勃发。

当你的身体变得更强壮，你的心理也会发生变化。当努力摆脱身体上的束缚时，也会引起一些人精神上的觉醒，尤其是觉得外部有一股力量在帮助他们的时候。

僧侣们给我们的主要启示就是承诺。当你承诺去做某事，就去做吧，别找借口，不要妥协。照你说的去做——就像你赖其生存一样。

如果你真的愿意用这种方式来一次又一次牺牲自己，你就可以完成一些令人惊奇的事情。我们大多数人倾向于有所保留，不能完全投入到任何事情中去。但是，一旦你完全投入了，一切皆有可能。

18

坚持做自己喜欢的事

只要能打球就好。玩得开心，享受比赛。

迈克尔·乔丹

在我的职业生涯中，一些大学教练允许我在他们不在场的情况下，定期与他们的球员见面。这可是一件大事，因为大学教练通常会极力保护队员，严格控制哪些人能接触到他们。

我接触过一支棒球队。他们正进入第二个赛季，并努力想在这个赛季中获胜，这是一个竞争激烈的联赛。在我们每周一次的例会上，我能感觉出会议室里的气氛非常紧张。

其中一名运动员在一次单独接触中告诉我，造成紧张的原因有两方面：队中两个男队员在为抢一个女孩子争风吃醋，还有就是球队输了好几场他们本应该赢的比赛。此外，大家怀疑教练是否有能量帮助他们摆脱这场困境。

会议开始时，我问队员们，大家过得怎么样，他们想在会议期间讨论什么。得到的反应是一片安静，鸦雀无声。

“有人想说什么吗？”我问，还是一片沉默。

于是，我就静静地和他们坐在一起，我知道最终会有人顶不住压力而开口说话。最后，一位优秀的运动员脱口而出：“这一点也不好玩。打棒球一直使我开心，但我第一次这么讨厌棒球。我讨厌来训练，我讨厌比赛——我就是讨厌它。”

大家又安静了。

“你们其他人呢？”我问，“还有其他人也是这么想的吗？”

令我惊讶的是，房间里几乎所有人都举起手来。大家环顾四周，相视无言。最后，一位没有举手的人说：“但我们不是来找乐子的，我们是为了赢得比赛而来的。”

“有什么区别？”我问他，“玩得开心和赢得比赛有什么区别？”

“我不明白你的问题。”

接着，我让每一个人都去思考这个问题：他们在什么球队里打球的时候玩得最开心——无论什么球队、什么年龄段、什么级别的都行。我让他们在想到答案的时候就举手。

在不到 10 秒的时间里，每个人都举起了手。

然后，我让他们告诉我这支非常有趣的球队是什么样的——他们多大年纪，是和谁一起打球，他们的教练是谁，最后还有，他们比赛输赢的记录怎么样。

大多数人讲述了这样一个故事，在一支冠军球队里，他们在每一场比赛中都期待着获胜。在五六个球员详细讲述了他们的故事之后，我就问所有人："有人看到这里面的苗头了吗？"

"当然，"第一个参与讨论的人说，"比赛赢了就很好玩。输了的话，就觉得比较惨。"

"你说得对！如果你们都想玩得开心，就得想办法赢球。赛场上的尴尬、犯规和低水平的表现都不好玩。在竞技运动中，你不能把比赛过程和结果分开。"

在我们的生活中，几乎所有的事情都是如此。喜欢自己工作的人会与同事的关系更好，也比不喜欢自己工作的人更有效率。赢得比赛总是很好玩，因为胜利总是与你的高水平发挥密切相关。同样地，失败也总是令人沮丧，因为它与恐惧、失去机会、粗心的错误和紧张如影相随。

在商业领域，赚钱比赔钱更令人愉快。失败会造成个人内心的紧张（比如，焦虑和愤怒）和人际冲突（比如，同事之间的紧张关系，无法按时完成任务）。

盖洛普机构开展了一些非常好的研究，证明了工作的过程和结果之间的相关性。他们把员工的参与定义为"人们在工作中的心理体验和人际体验"。毫不奇怪的是，研究表明，那些在工作中有亲密朋友、喜欢工作并认同公司使命的人，要比其他员工的工作效率更高。这种更高的工作效率，以及由此而来的参与度，为那些能够创造这样的工作环境的公司带来了更多的利润。

尽管这种研究具有常识性和经验可靠性，但我们仍然会无视其重要性和价值。如果你喜欢和你一起工作的人，并且觉得你很适合你正在做的工作，那么你会表现得更好。然而，我仍然能听到领导们说“我不在乎你是否喜欢我”，或者“我们不是来找乐子的——我们是来完成工作的”。事实上，乐趣和成功是分不开的。过程和结果是密切相关的。要么两者兼得，要么一无所获。

别误会我——我和别人一样喜欢玩，当事情如我所愿的时候，我就会非常喜欢它，我会觉得这很“有趣”。但是你要非常清楚地知道，寻找乐趣并不能让我们任何一个人成就伟大的事业；相反，能成就我们伟大事业的是要去寻找真相，而真相通常是令人痛苦的。

真相的重要性

看到自己真实的样子可能会让人感到谦卑和沮丧。只追求乐趣的人通常愿意通过对你（和他们自己）撒谎来保持这种乐趣。只有少数追求成功的人才会对自己说出真相，即使它会令人痛彻心扉。他们也会告诉你真相，即使知道它会伤你的心。

优秀的管理者、教练、老师和父母都有一个共同之处：即使知道这会让你伤心，他们也会告诉你真相。这是我们所有人都必须为成功付出的代价。你必须要想到它会变得困难——这比你想要它变得有趣更为重要。因为只有这样做，乐趣（也就是胜利）才会持续下去。

关键点

真相可能会让你伤心，但会使你终生受益。

追求还是不追求

我经常听到有人提到这句话，也是《独立宣言》里的一句话，即我们有“生命、自由和追求幸福”的权利。这句话引发了人们的疑问：我们如何才能真正获得幸福或成功？

我留意到，在去追求幸福之后，我最幸福的时刻并没有如期到来。事实上，当我不去寻找或追求幸福的时候，我总能找到幸福的时光。同样明显的是，成功并不是靠追求就能实现的。成功和幸福一样，与其说是目标，不如说是一种状态。成功是从事那些让我们感到最有活力、最能实现自我价值的活动的结果。事实上，我相信我们越是追求成功，就越不可能获得成功。我们应该追求那些让我们感觉到最有活力的美好事物，然后让这些美好事物围绕在我们周围。

19

知其不可为而为之

生活有两种方式：一种是世界毫无奇迹，另一种是世界充满奇迹。

阿尔伯特·爱因斯坦

几年前，我读了一本关于阿西西的圣弗朗西斯（St. Francis of Assisi）的传记。当时，我根本没有想到一个早在我出生800年前就去世的人会让我离开家，跨越半个地球，去亲自体验他走过的路、他睡觉的地方和他祈祷的地方。

根据我的日程安排，只有在12月我才有时间去朝圣。我的意大利朋友劝我冬天不要去，但我下定决心要去。从列蒂走到阿西西，我花了七天的时间。几乎每天都在下雨，甚至还下雪和冰雹，但我没有任何遗憾。原因很简单。圣弗朗西斯于1182年出生在意大利阿西西的一个富裕家庭。在他孩提时代，他和他的大多数朋友并没有什么不同。他纵情享乐，而且无论他走到哪里，哪里就有聚会。他那时的愿望是成为一名勇敢而且受人尊重的骑士。

在与相邻城邦的战斗中，圣弗朗西斯被俘，并被关进了监狱。他被监禁了一年左右，身体营养不良，还患上了疟疾，直到他的家人支付赎金，他才被释放出来。

此时的圣弗朗西斯与以前判若两人。他再也不能回到原来那种无所事事的生活中。

他睁开眼睛，清楚地看到社会的各种不公平。他看到了教会的权力和腐败，认为教会不再理所当然地是一个合法性组织。

在圣达米亚诺破旧的教堂里祈祷时，圣弗朗西斯相信他听到上帝在对他说话，他很清楚地听到这样一个信息：“重建我的教堂。”

圣弗朗西斯认为这是他一生的使命，于是他决心去重建这座他一直在这里祈祷的教堂。尽管他没有接受过建筑的正式培训，没有钱去买材料，也没有地方睡觉，但他在接下来的两年时间里，在阿西西附近重建了三座不起眼的小礼拜堂。这都不重要，重要的是他是一个承担使命的人，为了完成使命，他倾注自己的身、心、力。

关键点

如果你想过一种美好的生活，那么每天都要去尽力而为。

必要的和不可能的

读到关于圣弗朗西斯的故事，人们不禁惊讶于他的成就，惊讶于他影响了多少人的生活，以及他对他那个时代和那些追随他的人产生了多大的影响。毫无疑问，他是那个时代最有影响力的人。

更重要的是，他是在没有任何权威和力量的情况下，独自努力去做成了这件事。圣弗朗西斯自甘贫穷，并要求所有加入早期方济会的修士也要甘于贫困。他们被要求卖掉所有的家产，把钱分给穷人，和他住在一起。

在他有生之年最终却失去了对他建立的秩序的控制，因为他不愿意降低自己的标准和原则。尽管如此，他在短短 20 年内就完成了这么多伟大的壮举，这让我想亲自去追寻他成功的秘诀。圣弗朗西斯并没有留下太多的文字资料，所以我花了相当多的时间才读到我认为能捕捉到圣弗朗西斯的天赋和激情的文字：

先做必要的事情……然后做力所能及的事情……这样你就会发现自己在做不可能的事。

对我来说，这句话无疑阐明了圣弗朗西斯获得如此巨大的成功并影响到这么多人的原因。

>> 先做必要的事

当你开始从事一项任务，开始一天的工作，甚至是做一些感觉不可能做到的事情时，你就先去做那些你能做到的事情。这就是我们所说的“必要”的意义。先做“必要”的事情，完成你的待办事项清单。

你可能会花上几年的时间去做必要的事情，这也没有什么可羞愧的。请记住：圣弗朗西斯在重建三座小教堂的时候，在头两年里也只是在收集和堆放石头。

夯实你的手艺、商业或体育运动的基础，关注基本事实。我告诉人们他们已经知道的事情，我只是一个来提醒你的人：做必要的事情可以让你进入下一个阶段。

>> 然后做力所能及的事

一旦你掌握了基础和基本情况，就要挑战你自己了，看看自己真实的能力——到底能做什么，做力所能及的事情，展现出真实的自我。做力所能及的事情需要你全神贯注和全身心投入，而且这也要求你不能再回到“必要的事”这个安全区。

今天，大多数商界人士都认为，他们每天都在尽自己最大的努力，去做力所能及的事情，这绝对不是真的。据我观察，我们大多数人都在做“必要”的事情，然后告诉自己，我们正在做力所能及的事情。

想想看，大多数员工都完成了工作要求，或者完成了他们的待办事项，然后就到此为止了。你有没有听别人说过，“那不是我的工作”或者“这不是我的责任”，或者“我没报酬为什么要去做”，这就是我们大多数人的问题所在！我们认为，当我们去工作时，我们在尽力而为时，我们都在做力所能及的事情。但是，根本不是这样的。恰恰相反，我们是在做“必要”的事情，然后告诉自己，我们正在做力所能及的事情。

关键点

高估你的表现比低估它更危险。

如果你认为做必要的事情就是在做力所能及的事情的话，你就永远无法充分发挥出你的能力。为了提高你的表现，最好的方法就是认为你做的要比你实际上能做的更糟糕，而不是更好。

圣弗朗西斯就是这么做的。他不断地以更高的标准要求自己。他从来不相信他和他的弟兄们正在尽力而为。圣弗朗西斯从来没有满足过，这种信念让他做出了超出大多数人认为可能的事情。

一旦你意识到这一点，你就会发现自己在明知不可为而为之

圣弗朗西斯如此神秘和有魔力就在于那句话：如果你每天都致力于做所有力所能及的事情，那么一件精彩而奇妙的事情就会发生在你身上。通过去做力所能及的事情，你将有能力化“不可能”为“可能”。请注意，这里需要改变的不是世界，而是你。

20

不要为内心的恐惧找借口，而要找出口

勇气，就是怕得要死，但仍驭马前征。

约翰·韦恩（John Wayne）

每个人都找借口说："如果不是因为这该死的哮喘，我可以成为一个优秀的长跑运动员。""我膝盖的伤痛真的影响了我的训练。""我得好好减肥。"只要你有一个很好的借口来解释为什么你还没有开始起飞，你就永远不会飞起来。

你得摆脱这些借口。他们不是你的朋友，也不是你通往成功的道路。借口是一群该死的妖怪，他们跟着你，缠着你，躲在你的床底下，让你害怕得把被子蒙在脸上。

那么，真正的问题是什么？

就是恐惧。

恐惧

恐惧令你无法充满动力、满怀激情，也阻碍了你去设定伟大的目标。如果你没有恐惧，你就会充满激情。如果你毫无畏惧，你就会充满动力，狂热地跑来跑去。如果你没有恐惧，你就会掌管这个世界，别人也会主动给你让位。

恐惧才是你真正的对手，而不是那些直到在美国获得奖学金之前从未穿过一双鞋的东非人。恐惧会让你放慢脚步，因为你可能会受伤。恐惧在你耳边低语："你确定这是正确的训练计划吗？我听说某某是那么做的。"

一切都与恐惧有关。如果你能战胜恐惧，那你就赢了。如果你战胜了恐惧，你就进入有史以来最好的赛季。如果你战胜了恐惧，你就会像个疯子一样去训练。如果你战胜了恐惧，你就可以免费上大学。如果你战胜了恐惧，你就能登上领奖台，拿到丰厚的报酬，就会有陌生人走到你面前叫你的名字。只有恐惧消亡了，你才能真正活着。

理解恐惧

为了理解恐惧以及它是如何影响我们生活的，我们首先必须了解恐惧的来源——它是从哪里产生的。

大多数真正与恐惧或焦虑做斗争的人，都相信恐惧源于外部的力量。这个外部的事物可以是他人、过去发生的事件，甚至是将来可能发生的事件。

事实并非如此。相反，恐惧是由正在经历恐惧的人创造出来的。

想象一下下面这个场景：

一个刚刚蹒跚学步的孩子被他的母亲抱上床。刚过半个小时，孩子就开始呼唤他的母亲，但母亲忽视了他的行为，因为她认为这很快就会过去。10分钟后，孩子大哭起来，哭得令人心烦意乱。母亲走进房间，发现孩子已经被恐惧包围了，浑身颤抖。

“怎么了，亲爱的？”她抱起孩子问道。

孩子说衣橱里有个怪物。妈妈走到衣橱前，打开门，证明里面没有怪物。

在童年的时候，我们都经历过这一幕。但是，作为成年人，我们又能从中学到什么呢？

我们需要先考虑怪物到底在哪里。我们知道怪物不可能在房间里，但那怪物又是从哪里来的呢？答案是孩子的脑海里。

然后，我们需要考虑是谁创造了这个怪物。同样，答案还是孩子。

但这与我们有什么关系呢？关系大着呢。

甚至在婴儿时期，我们就创造出了许多虚拟的角色和场景，这都会引起恐惧。这正是恐惧在我们的生命中表现出来的方式。

我们曾经的每一个恐惧或对将来的焦虑想法都是由我们自己创造出来的。

那我们怎样才能阻止这一切的发生呢？

关键点

恐惧使你无法发挥出自己的潜能。战胜恐惧应该是你的人生首要目标。

通过专注于目标来战胜恐惧

只有专注于一件事——一项目标，才能取得长期的成功。你必须全力以赴——也就是说，要全面付出自己的精神和身体上的牺牲——恐惧正是阻止你这么做的最大因素。

全力以赴是对生活的一种“尝试”。甘冒全部的风险，愿意承担大的失败，甚至最后变得一无所有——这是我们所需要的精神状态。几年前，我去阿肯色州本顿维尔参观了沃尔玛博物馆。山姆·沃尔顿在城市广场上从一家“五美分店”开始经营沃尔玛公司。博物馆展出了沃尔顿的旧卡车和其他一些小物件。其中有一串旧钥匙链，上面印着“去做吧”这句话。

多年来，我一直想写这本书，但从来没有提起笔来。为此，我找了很多很好的借口。然后，我发现我被这种写作的想法所困扰——这令我极其不舒服。每当我开始享受一个平静的时刻，我都会情不自禁地想到这件事，想到我正在逃避面对真实自我的风险，并要接受评判，我是多么地害怕。

事实上，冒险和挑战自我会带来机会。相反，回避风险会导致重复劳动和自甘平庸。冒着风险，全力以赴，这才是实现你梦想的最好方法。

给别人的最糟糕的建议，就是要成功就得小心翼翼。这会降低他的创造力和冒险精神，也会影响他的发挥水平。

关键点

对那些试图创造伟业的人来说，“小心谨慎”这个建议是最糟糕的。

你的召唤

随之而来的是被选择，而不是你做出选择。我想把这称为“被召唤”。困难的情况往往表明人们当时被召唤到那个地方。

我们说说阿伦·罗斯顿（Aron Ralston）。也许你知道他，他因砍断手臂而从犹他州峡谷中逃出生天而出名。在接受采访时，当被问到做出砍断自己的手臂是不是他一生中最困难的决定时，他回答说不是。罗斯顿说，他做过的最困难的决定是下决心辞去他在英特尔公司优渥的工作，搬到科罗拉多州去，过上一个户外运动者的生活。他知道，家人和朋友会批评他这个选择，这不是他们所期望的生活。在决定不惜一切代价追求他的理想的激情生活之后，接下来的决定就没那么难了。也许他是被召唤过来的。

你越看中自我，你就会越害怕。自我会使你产生更多的自我意识和自觉意识，它会使你专注于自己。自我会使你怀疑和关注别人对你的看法。你越不害怕，你对自己的关注就越少，这样你就可以去思考你到底想要做什么。

你到底想要做什么？你真的想要做什么？如果你能自由选择的话，你会选什么？圣奥古斯丁（St. Augustine）曾经说过："如果你有爱心和勤奋，你可以做任何你喜欢做的事。"

不管你喜欢做什么，如果你害怕，没有原则——我们大多数人都是如此，你就做不了任何你喜欢做的事，因为你不能保持高度的注意力、意愿和精力来完成它。

在你的生命中，有什么东西是你渴望的，愿意牺牲一切来实现？请记住，如果你做出这样的牺牲，整个世界都会来批评你。他们会来告诉你要"实事求是""好好想想"或"理性一点"，对吗？这就是现在要杀死你的谎言。成功不在于理性和现实，而在于非理性和疯狂的想法。

所谓的机会就是那些几乎每个人都放弃了的自我和梦想。所以，他们怎么会鼓励你去实现自己的梦想呢？如果你成功了，只会令他们更不舒服。平庸者鼓励平庸者；平庸者喜欢平庸者。面对竞争，你可以选择去还是不去。我说，你应该去。

对我们大多数人来说，成功是一种威胁。因为我们还没有达到这个目标，所以它始终提醒我们能够成为什么样的人，但是我们还没有做到。成功是一条处于无人之地的、孤独而黑暗的道路。你会整日整夜地在这条道上奔跑，而且遇不到另一个灵魂。有时候，有人会开车过来问："嘿，你到底在干什么？你得回城里去！你一个人会在这里受伤的！快上车，我载你一程。"

但是你必须冒着迷路的风险，因为追逐一个梦想——真正地去追逐梦想，会把你带到一个你从未想过的地方。就算他们事先知道这个地方，也没有一个人会在意（或敢）去这个地方。

如果你和我们大多数人一样，你永远不会冒着迷路的风险，冒险离家去远方探险。

我的朋友泰勒·温顿（Tyler Winton），从我这里买了一辆旧的哈雷－戴维森摩托车。在夏天，他骑着这辆摩托车漫游全国。在从得克萨斯州到佐治亚州的长途跋涉中，他中途停车，去服务区加油，顺便洗了一把脸。

他问柜台里的那个女人："这是什么地方？"

她回答说："亲爱的，你迷路了吗？你想去哪里？"

“不，女士，我没有迷路。”

“好吧，亲爱的，如果你不知道你在哪里，你就是迷路了。”

她没有抓住对话的重点。泰勒确切地知道他在哪里——他正在一个英雄的旅程中，在亚拉巴马州 I–20 号州际公路的一个无名出口。你在哪里并不重要，只要你始终在路上就行。

你必须愿意迷路，不惧进入未知的领域。恐惧会让你不敢远离家门口的门廊，没有人会在自家后院里迷路或打破世界纪录。因为恐惧，你不会在周围游荡，也不会去走一条未知的路。成功在于每天走上这些未知的道路。你必须愿意去想办法走出一条路。平庸会来找你，但是你只有闯出去，才能寻求成功。

在《千面英雄》(*The Hero with a Thousand Faces*) 一书中，约瑟夫·坎贝尔（Joseph Campbell）这样描述了英雄的旅程：当我们进入森林时，大多数人都在寻找一条出路。但英雄会进入森林中最深和最黑暗的地方，从来没有人进入过的地方。因为他选择了这条路，他就有着截然不同的经历。他遇到了那些生活在森林中的魔鬼和怪物，但是当他走出森林的时候，他就会永远被改变。所以，你看，英雄不怕迷路，不怕怪物，不怕失败，不怕死亡。

优秀的运动员们正在英雄之旅中奔跑，他们愿意冒着生命危险去完成他们的旅程。这种死亡的意愿（做出彻底的牺牲）是至关重要的。然而，我并不是说要你为了达到目标而自杀。但是，如果你真的变得无所畏惧，那么你就没有什么可怕的了，甚至包括死亡。不畏惧死亡并不意味着你要去死。事实上，我们要接受这样一个简单的事实：你终有一天会死去，你不知道那一天什么时候会到来，这将帮助你活得更充实。

完全付出

2013 年，我应邀在阿肯色州大学对 175 名运动员发表演讲。我问他们："你们中有多少人愿意每天放弃两个小时来成为你运动项目中最优秀的运动员？"所有的人都举手了，然后我接着问："有多少人愿意一天放弃四个小时成为最优秀的运动员？"这一次，所有的人又都举手了。这是可以理解的，因为这是大多数大学运动员每天花在他们的运动项目上的时间。

接着我问："有多少人愿意完全付出你的生命去成为世界上最优秀的人？"只有几个人举起了手。女子高尔夫教练肖娜·埃斯特－泰勒坐在前排，她是世界排名第一的女子高尔夫球手史黛西·刘易斯（Stacy Lewis）的前教练。肖娜和史黛西是亲密的朋友，她们经常在一起聊天。"肖娜，"我问道，"你会说史黛西为了成为最优秀的选手而完全献身于高尔夫球运动了吗？"

"当然。"肖娜说。史黛西并不是世界上最有天赋的运动员。她高中毕业时是个优秀的球员，但她并没有被大学运动队录取。她有脊柱侧弯的缺陷，无法在大学一年级的时候进入阿肯色州大学队。正是她的决心和她对成为世界上最好的高尔夫球手的无畏的承诺，让她成了世界上最优秀的女子高尔夫球手之一。

那些认为自己的时间有限并带着紧迫感生活的人，最有可能充分发挥自己的潜能。对死亡的恐惧和对生命的恐惧是一样的。恐惧就是恐惧，无论它的形式、大小和口味是什么。

我想要指出的是，恐惧会让你在很长一段时间内都无法坚持你的目标。想想那些想要代表国家参加奥运会的人，或者那些更优秀的、赢得奖牌的人。他们至少有四年在全心付出。在这四年中始终保持专注和热情是非常困难的。只有一小部分人才能长时间保持这种高强度的水平。

那么他们是怎么做到的呢？我怎么会知道。有意思的是，他们自己似乎也不知道。他们所知道的是，他们正在做的是他们应该去做的事情。成功者对自己的生活拥有很强的使命感和期望值。尽管他们并不真正地知道这条路将通向何方，但是他们仍在目标之路上前行。

有几个人声称自己完全理解了成功的意义，但是你绝不要相信他们中的任何一个人。你不可能沿着别人的路走向成功。没有通往成功的任务清单——没有地图，没有 GPS，没有保证，什么都没有。你必须在树林里开辟自己的道路；恐惧会阻止你去开启自己的成功之路。

快走吧。

不要害怕。

让自己沉浸在对成功的追求中。在新的自由中，你会发现比你想象中更多的东西。

21

永不言放弃

如果你身陷地狱，那么就继续前进。

温斯顿·丘吉尔

在最近的假期里，我们家的一位关系亲密的朋友像以前一样来拜访我们。这次有所不同的是：她带来了一位名叫肯恩的男士，这是她的新男友。初次见面，我发现肯恩很有礼貌，也很保守和安静。经过几天的来往，我得知肯恩是一名现役军人，还是特种部队的一员。美国特种部队与其他国家的特种部队紧密合作，在世界各地开展联合行动。最近，他们的行动一直集中在伊拉克和阿富汗，打击像基地组织这样的恐怖组织。

我很快了解到，肯恩不仅是特种部队的队员，而且还是一名高级军官，他也参与特种部队队员的甄选过程。我们谈了很多关于军队的选拔方法，以及他们对候选人进行的特定测试，看看他们是否有在最紧张的环境（战争）中工作的性格。

肯恩明确表示，虽然我可以了解他所从事工作的基本情况，但他不能谈论他的工作，特别是他一直在执行的任务的细节，以及他在未来要参加的任务。

我们为什么放弃

有一天，我和肯恩聊天的时候，他向我描述了一项选拔测试，这在一段时间内取得了很大成功。这项测试要求参加者在 15 英尺深的水池中踩水。每次都有不少士兵跳入水中。整个小组都给予一次性的指示，不允许提问。一旦口哨吹响，士兵们必须游到池底，触到地板，然后再往上游。水池里有几个穿着潜水装备的水下观察员，以确认每个人都触到了水池底部，并确保没有人溺水。

当肯恩说到所有的士兵都游上水面上时，脸上露出了笑容。哨子吹响后，只能有几次短暂的调整呼吸，他们就又得游到池底去。在刚开始的几分钟内，士兵们会游到游泳池的另一侧，要么声称他们没有触到池底，要么就是说跟不上测试的节奏。他们基本上放弃了自己的资格。

有趣的是，没有人告诉士兵们，如果他们没有触到池底，或者哨子吹响时没有游下去被揭发时，他们应该怎么做。士兵们只是自我假设，如果他们不能完成这个任务，他们就会自动出局。

不到五分钟，几乎所有的士兵都会游到泳池的边上，脸上露出沮丧和失败的表情。然后肯恩解释说："唯一能让任务失败的方法就是放弃。我们设计这个测试就是让人无法完成任务，但我们不在乎他们能不能完成任务。面对不可能完成的任务，我们需要的是永不放弃的人。”

少数人从未放弃、从未沮丧地游到泳池边，从不言败的人最终将入选特种部队，成为这一精英团体的一员。

我觉得发明这个简单测试的人简直是个天才，它显著强调了那些我一次又一次、在运动员身上亲眼目睹的事情。为什么有人放弃了，而有人却坚持下去了呢？为什么有人认为自己失败了，可是从来没有人告诉他们失败？为什么有人从不言败，而有人却始终认为自己失败了呢？答案很明确——唯一能让你失败的方法就是放弃。只要你在努力，在踩水，在呼吸，你就成功了。

关键点

战斗就是胜利，放弃就是失败。

收放自如

我对这些饶有兴趣，就让肯恩告诉我更多一些他们追求什么样的性格。

“我们要找的是一个能收放自如的人。”

我没有弄清楚他的意思，所以我又追问了一两个问题。

“斯坦，很多人参军是因为他们想证明自己很坚强勇敢。他们想狠狠教训敌人，然后回家，向他们的朋友和家人吹嘘自己经历的所有危险的事情。我们不想要那些人。我们要寻找的是那些不需要用另一条生命来证明男子气概的人。我们选择的人并不会过分吹嘘他们做了什么或者他们做得有多好。他们没有文身，也不会穿着特种部队T恤到处乱转。这就是我所说的‘收起来’，就是当他们不执行任务的时候，他们就不会去想它，也不会去谈论它。”

他们的工作没有限定他们，他们也不需要用工作来证明自己。这时，那位与肯恩在一起的朋友插话了：“斯坦，我也认识一些与他一起工作过的人，你根本不知道他们是做什么的。他们是我见过的最可爱、最真诚的人。”

我马上分享了自己的观点，在优秀的运动员和领导者身上也能看到这一点。当他们在工作的时候，这是世界上最重要的事情，但是当他们离开的时候，他们也不会想太多。肯恩认为，这种收放自如的能力能让人发挥出最好的表现。“收起来”可以让那些发挥最好并取得成功的人恢复状态，并为下一次任务做好准备，同时能享受假期。

那些压力大、无法恢复状态的人是那些一直在思考自己的工作或体育运动的人。他们会一直担心，在这样做时，他们耗尽了自己的精力，影响了自己的表现。换句话说，那些能“收起来”

的人会让他们在那一刻所做的任何事情成为他们生活中最重要的事情。这就是专注或集中精神的本质。一次只做一件重要的事，而这件事是世界上最重要的事情。

每个人都是领袖

最后，肯恩讲了一个故事，讲的是一个他最喜欢的士兵。他是一名狙击手，是一名满怀热情又受人尊敬的士兵。我问肯恩，是什么使他成为一名伟大的狙击手的。肯恩立刻回答说："只有当你 100% 确定你能做到的时候，你才能击中目标。如果你只有 99% 的把握，你就会等待更好的机会。"肯恩描述了那些成绩欠佳的射手是如何在匆忙中被迫开枪的。最优秀的狙击手是不会这样做的。他们会等一整天，等待那最精确的一秒钟，因为他们意识到，他们必须一击就中。作为一个狙击手，绝对没有第二次机会。

有一天，肯恩和这个狙击手，还有另外四个人一起执行任务。他们突然发现自己被四面八方的敌人包围了。当时已经没有退路，他们开始觉得这次任务可能不会有好的结局。有人开始觉得他们可能活不到明天了，但这位狙击手的想法却不同，他对大家说："敌人可能会杀了我，但他们肯定拿不到我的巧克力。"

他知道当敌人杀死他们时，会搜索他们身上的物品，并拿走他们所能利用的一切东西。敌人特别喜欢吃巧克力，那天他们带的干粮里有巧克力。狙击手就让其他人拿出他们包里的巧克力吃掉。队员们听从了他的建议，都开始吃巧克力。

队员们的情绪立刻好转了。巧克力中的卡路里补充了身体能量，他们开始嘲笑敌人吃不到他们的巧克力了。就是在那时，他们制订了一项作战计划，躲开敌人，安全地撤离了，没有任何人员伤亡。

这给了他们一个宝贵的教训：无论你的处境多么绝望，总有你能做的事情。你从来不是受害者，也不是别无选择。情况越困难，就越有挑战性，会让你很难看到还有其他的选择。但请记住，你总是有选择的。

故事讲完后，我问肯恩，实际上，当时肯恩是最高级别的军官，为什么那位狙击手会觉得自己是领导者。肯恩很轻松地解释道："哦，这对我们来说并不重要。在特种部队的队伍中，军衔并没有人们想象的那么重要。事实上，如果你认为高级军官的想法不是最好的，你就会不同意他的观点。这就是我们生存的方式，无论是谁，我们都会拿出最好的主意。"

肯恩接着说，常规军队可不是这样的。军衔和权力会被严格地遵守，士兵们很早就学会了，他们必须服从命令。一般情况下，高级军官是最有经验的，指挥通常也是正确的。

在特种部队里，规则就改变了。他们知道特种部队里的每个人的存在都是有原因的。每个人都有别人所依赖的专业知识。因此，根据不同的问题或情况，领导者或专家在小组内地位也会发生变化。每个成员被期望具有领导力和服从性，并知道何时去领导，何时去服从。相互挑战对成功和生存是至关重要的。

我觉得这也适用于冠军队伍。英雄每天都在变换。事实上，球队创造了一个期望，就是每个人都会在赛季的某个时刻成为英雄。有时，一个运动员虽然不是首发阵容，但也会在一场比赛中脱颖而出，决定一场比赛的结果。冠军队伍的教练经常允许助理教练，甚至工作人员在团队中发挥领导作用。这些团队经常讨论在一年中英雄将如何变换，最重要的是要做好准备，因为你永远不知道什么时候你就会带领团队走向胜利。

两年前，我正在观察佐治亚大学游泳队的训练。这是少数几个男女运动员同时在一个游泳池里训练的项目。每次训练结束时，总教练杰克·鲍勒（Jack Baurle，六次 NCAA 锦标赛的冠军）都会挑选一名游泳运动员进行 50 米的计时测试。每次测试时，队友们都会在泳池边观看。

杰克告诉每个人，如果运动员游到一定时间以内，训练就结束了；否则，他们就会再游一次。这次特殊的训练，让这位运动员游得很开心，全队的训练也高调结束。

后来，我问杰克为什么要选这名游泳运动员。杰克解释说，这位游泳运动员训练成绩很好，而且那天看起来真的发挥不错。我对他的回答深感震惊，因为大多数教练都采用了与其完全相反的训练方法。许多教练会挑选一个训练不努力的运动员，他们会利用这种计时测试来作为惩罚的一种形式。不过，杰克对竞争的看法完全不同。他认为竞争是一种特权，也是运动员代表自己的团队和学校的一种方式。将竞争作为荣誉而不是惩罚，可以使团队成员努力训练以获得竞争的权力。

与肯恩在一起讨论我们都喜欢的话题真是太棒了。我从他身上学到了很多，他也认同了我对表现的一些观念，那就是我在观察运动员和商人时所形成的观念。

当肯恩离开我们家的时候，他伸出了手，我说我想给他一个拥抱。他说没有问题，而且他也吻了我的脸颊。很长时间都没有别的男人亲过我了。也许那些最接近死亡的人会拥有更热情、更自由的生活。

关键点

成功有无数种方法，但失败只有一种方法，那就是放弃。

后记

笑口常开，爱心永在；

赢得智者的尊重，

孩子们的爱戴；

博得真诚的认可，

容忍损友的背叛；

欣赏美好的东西，

发现别人的可爱。

学会无私地奉献，

给世界增添光彩：

要么培育出健康的孩子，

要么留下花园一块，

抑或是改善社会条件；

尽情娱乐、笑得畅快，

把欢乐的歌唱起来；

甚至知道一个生命活得自在，

因为你的一路走来……

这就是成功的内涵。

拉尔夫·瓦尔多·爱默生

（Ralph Waldo Emerson）

我过去一直相信我能掌控自己的生活。现在，我相信有一种控制的错觉，这与实际的控制是完全不一样的。一旦我们正视这个现实，我们就会与自己的灵魂——非物质的自我，更好地联系起来。

随着思维的转变，我们会意识到我们生命的动机并不是赚更多的钱，赢得冠军，或者赢得别人的爱戴。相反，我们要努力成就自我，通过征服自我来做到这一点。通过这种转变，我们真的可以开始飞起来了。我们意识到我们被囚禁在一个不再被接受的世界里。我们可以看到另一面，我们相信甘冒一切风险，甚至牺牲生命，这是我们唯一要做的事情。

有时候我们别无选择。在这些时候，能做出一个选择对我们来说是一件非常奢侈的事情，但我们必须做出选择。对我来说，写这本书就是必须做出的选择。不管我愿不愿意，这本书都要写了。

一开始，我试图逃避这个责任，但它就像一个幽灵，始终困扰着我，直到我觉得再也无法回避它了。我的潜意识会在凌晨2:30、3:15或4:20唤醒我。我有两种选择：要么睁着眼睛躺在床上，要么起床写作。在那之前，我从不相信人能被控制，但是它就发生在我身上了。一些精灵进入了我的灵魂，我变成了一个被控制的人。

几天后，我放弃了抗争，我顺服了，因为如果你不能打败他们，那就服从他们。不久，我所需要做的就是打开我的笔记本电脑，专心地坐在那里，当我脑海中闪现出一句句话语时，我的手指就能神奇地打出这些精灵对我说的话。

这一定是艺术家们所谓的缪斯。在我们这个时代之前，“天才”一词不是用来形容一个人的，而是指一种进入人内心灵魂的东西。天才不是我们每个人，而是指某种精神，它来自一个更高灵性的地方，暂时寄居在我们的心中。这种事情就发生在我身上，我写这本书就是受到这种精神的指引。虽然这听起来很疯狂，我毫无写作的天赋，但不知怎么的，我会因为这本书获得荣誉或责备。

我觉得这种经历只会发生在别人身上，发生在特别的人身上。这怎么会发生在我身上呢？答案很简单，就是我的“天才”时间到了。

放心，你的“天才”时间也就要到了。

你不能选择你的时间，它会选择你，但是你的时间肯定会到来。如果你像我一样躲藏起来，它会一直困扰着你，在半夜里把你叫醒，骚扰你，直到你最后说："好吧，我去做。"

我不知道你将会被选去做什么事情，但是迟早将轮到你……你会被召唤的。请不要试图回避……你不能回避这个召唤。我们认为那些取得了伟大成就的人是通过自己的努力和奉献来实现的。这也许是真的，但这并不是全部的真相。他们是被选中了，他们决定不管被选去做什么，他们都会努力去做。我在这本书中讲述的那些人都接到了这样一个召唤。

写完这本书之后，我开始对这本书的质量和潜在的好处产生了严重的怀疑。你可以称之为"信心危机"。我的编辑之一斯科蒂总是告诉我，这本书进展顺利，而且会很畅销。最后，我对她发火了，我说："不要对我这么好，告诉我这本书有多好。我需要你做出客观的评价。"她为自己辩护，并提醒我，除了写一些文章和书之外，她还读了几千本书，所以她有智慧和经验去辨别什么是好书，什么不是好书。我不得不同意她，因为她说得确实很客观。于是，我站起来，拍拍身上的尘土，继续前进。

在完成第一轮编辑之后，我们决定把这本书的样稿寄给我尊敬的五个人，并请他们给我一些反馈意见。其中一个人就是艾丽西亚。几个月前，我在亚利桑那州的弗拉格斯塔夫偶然遇见了艾丽西亚。艾丽西亚是斯坦福大学田径和越野赛跑运动员。在斯坦福大学期间，她赢得了两次 NCAA 越野跑锦标赛冠军。她还保持着 10 000 米赛跑的 NCAA 记录。她和她的丈夫瑞恩后来搬到弗拉格斯塔夫，在那里继续训练。瑞恩也是一名成绩很好的长跑运动员。他在参加 2008 年纽约马拉松赛时不幸去世了。在跑到四英里的时候，瑞恩因心脏病发作而倒下了，再也没有醒过来。当艾丽西亚到达医院时，她很快意识到她的丈夫并不是跌倒受伤了，而是死于心脏衰竭。

当我遇见她时，这件事已经过去四年了。我刚刚在和一群长跑运动员交谈，听众席上坐着两名优秀女子长跑运动员。其中一个是阿尔维娜·贝加伊（Alvina Begay），我们过去就认识并曾一起共事过。另一个就是艾丽西亚，但当时我们互不认识。阿尔维娜开车送我回旅馆，所以我等她和艾丽西亚说完话再走。我们相互介绍，艾丽西亚问她以后能不能联系我。她非常喜欢我的谈话内容，有几件事想和我谈谈。我说，当然可以。当我要给她我的电话号码时，她告诉我，阿尔维娜已经给过她了。

当我们上车时，阿尔维娜说："你知道那是谁吗？"

我说我不知道，阿尔维娜就开始告诉我关于艾丽西亚的故事。很快，我发现，虽然我不认识艾丽西亚，但是我听说过她的故事。在美国，每个长跑爱好者，或者和长跑运动员一起工作的人都知道瑞恩的故事和他逝世的悲剧。原来我刚才见到的竟然是他的遗孀。

不到 30 分钟，艾丽西亚就通过手机短信联系到我，她非常感谢我，并说希望我们能找个时间聊一聊。我立刻打电话给她，告诉她第二天早上 10 点我要离开，如果她愿意的话，我们可以在第二天的上午 7 点钟见面。我们聊了两个小时，艾丽西亚告诉我关于她的生活故事，她非常渴望恢复健康并再次成为一名优秀的长跑运动员。

现在让我们回到这本书上。我给艾丽西亚发电子邮件，问她是否有时间看我寄给她的书稿。这是她回复的电子邮件：

是的！真是太不可思议了。我还剩下 30 页就读完了，因为我不断地反复阅读每一页、每一个段落和章节。我会停止这样做的，这样我很快就可以读完了！

我只能说这本书太精彩了！非常感激你能把这些都写下来。每个章节的内容都很丰富，很吸引人。我不是在吹捧您。我的评价是非常诚实和坦率的。

顺便说一下，我想我上次提到过，我大腿的旧伤似乎正在恢复。所以，我想要加把劲，我的目标是跑纽约马拉松。我还有八个星期来准备，上个星期我已经开始训练了。这绝对是我第一次参加马拉松比赛，我需要知道从什么地方开始，这可能是一个非常好的机会。我的理疗师已经上飞机了，我的教练正在考虑我能否在接下来的四周内坚持训练。

你有什么建议吗？

希望你的一周过得愉快！

艾丽西亚

P.S. 你的女儿还在用弹力袜来提高成绩吗?

我立刻拿起电话打给艾丽西亚。通常，当我打电话给她时，因为她的电话信号不好，很少打通过，但是这一次，电话铃响了第一声，她就接听了。我非常感谢她认真阅读了这本书稿，我再次问她，我是否应该努力争取出版这本书。

“你必须出版这本书，斯坦。你必须要这样做。”泪水立刻从我脸上流下来了。我向自己许诺，哪怕只有一个人受益于这本书，那也是值得的。我现在得到了确认。尽管我所经历的一切非常艰难，但也是值得的。我成功了。通过这本书，我做了自己希望做的事——帮助一个人。虽然我想帮助全世界的运动员，但是艾丽西亚将会是我的第一人选。

在获得她的确认之后，我们开始谈论艾丽西亚参加纽约马拉松赛的目标。要知道，这是她丈夫五年前去世的地方。她最后一次跑向纽约是在她被告知瑞恩在马拉松赛中摔倒的时候，她穿着休闲套装穿过拥挤的街道，跑到医院。上一次她在纽约街道奔跑时，她在想着她的丈夫，希望能在他身上找到一点瘀伤和血迹。现在该是艾丽西亚跑马拉松的时候了。她愿意冒着一切风险去追求她的梦想。这花了她五年的时间，但现在艾丽西亚已经准备好，站在她生命的跑道上了。这一切都是一个完整的循环，是时候结束了。

正如我需要她的确认和鼓励，使我可以出版这本书一样，艾丽西亚问了我关于她跑马拉松的一切。我们讨论了她认为她能跑出什么成绩，她将如何参加比赛，她将如何衡量成功，以及她希望通过跑马拉松来实现什么目标。我很清楚她已经准备好了。“艾丽西亚，就像你给我的书的评价，我会给你同样的建议。”

“那是什么？”她问。

“当我问你我是否应该出版这本书的时候，你还记得你对我说的话吗？”

“你必须这么做？”

“是的，你说我必须出版这本书。你必须参加马拉松比赛。你必须这样做。”

有时候生活会给你选择……有时候你别无选择，必须这样做。

在一个人满为患的世界里，能飞越的人寥寥无几。我感谢上帝祝福那些为数不多的敢于飞翔的人。

我最后要对你说的是：

不要惧怕生活。

相信生活值得我们为之活下去，这种信念将给你创造生活的价值。

——威廉·詹姆士

Elite Minds: How Winners Think Differently to Create a Competitive Edge and Maximize Success

ISBN:978-1-259-83616-9

北京市版权局著作权合同登记号：01–2016–9761

北京阅想时代文化发展有限责任公司为中国人民大学出版社有限公司下属的商业新知事业部，致力于经管类优秀出版物（外版书为主）的策划及出 版，主要涉及经济管理、金融、投资理财、心理学、成功励志、生活等出版 领域，下设“阅想·商业”“阅想·财富”“阅想·新知”“阅想·心理”“阅想·生活”以及“阅想·人文”等多条产品线。致力于为国内商业人士提供 涵盖先进、前沿的管理理念和思想的专业类图书和趋势类图书，同时也为满 足商业人士的内心诉求，打造一系列提倡心理和生活健康的心理学图书和生 活管理类图书。

《逆商：我们该如何应对坏事件》

- 全球十大最具影响力的思想家之一、逆商理论的奠基人保罗·史托兹博士倾心之作。
- 一本让个人和团队在逆境中看到希望、有能力追求希望的指导书。
- 人的一生大多是在逆境中度过的，当我们遭遇各种困境、失败和挫折时，逆商的高低将起到决定性的作用。

《专注力心理学：如何高效做事》

马尔科博士将会在他的这本新书中告诉读者：

- 专注力在大脑中是如何产生的；
- 为何现在专心做一件事情如此之难；
- 如何在日常生活中重新集中注意力；
- 这样你不仅能避开不断分心的雷区，还会明确知道如何才能减少外界干扰、更好地专注于日常生活与工作、完成并实现更多计划。

《意志力心理学：如何成为一个自控而专注的人》

- 影响千万德国人的意志力方法论。
- 让你比别人多一些定力和自控力，在成功的路上走得更远。
- 成功者和失败者的差别不在于力量的强弱，也不在于知识储备的多少，而在于是否拥有意志力。